Abhandlungen der Sächsischen Akademie der Wissenschaften zu Leipzig · Mathematisch-naturwissenschaftliche Klasse · Band 63 · Heft 4

J. C. Poggendorff – Leben und Werk

Vorträge des Kolloquiums im Oktober 2004 aus Anlass des Abschlusses eines Jahrhundertwerkes

Herausgegeben von
Heiner Kaden und Benno Parthier

Verlag der Sächsischen Akademie der Wissenschaften zu Leipzig · In Kommission bei S. Hirzel Stuttgart/Leipzig

Gedruckt mit Unterstützung des Freistaates Sachsen (Sächsisches Staatsministerium für Wissenschaft und Kunst)

Herausgeber:
Prof. Dr. Heiner Kaden
Kurt-Schwabe-Institut für Mess- und Sensortechnik, Kurt-Schwabe-Str. 4, D-04720 Ziegra-Knobelsdorf

Prof. Dr. Benno Parthier
Deutsche Akademie der Naturforscher Leopoldina, Emil-Abderhalden-Str. 37, D-06108 Halle/Saale

Vorgelegt am 16. Januar 2005
Druckfertig erklärt am 22. September 2005

Mit 25 Abbildungen und 4 Tabellen

Bibliographische Information der Deutschen Bibliothek

Die Deutsche Bibliothek verzeichnet diese Publikation in der Deutschen Nationalbibliographie; detaillierte bibliographische Daten sind im Internet über <http://dnb.ddb.de> abrufbar.

ISBN 3-7776-1406-8

Druckvorstufe: Media & Office Services, Leipzig
Druck und Binden: druckhaus köthen GmbH

Printed in Germany

Inhalt

Vorwort der Herausgeber

Zum Geleit seines zweibändigen „Biographisch-literarischen Handwörterbuchs zur Geschichte der exacten Wissenschaften, enthaltend Nachweisungen über Lebensverhältnisse und Leistungen von Mathematikern, Astronomen, Physikern, Chemikern, Mineralogen und Geologen usw. aller Völker und Zeiten“, schrieb der Berliner Physiker Johann Christian Poggendorff im Jahr 1863: „Somit wäre es denn zum einstweiligen Abschluss gebracht das Werk, dem ich seit etwa fünfzehn Jahren alle meine Muße gewidmet habe. Ob es dieses Opfer werth gewesen? – darüber können die Ansichten verschieden sein; ...“. Heute, mehr als 140 Jahre später, beweisen die Fortführung und Erweiterung des Werks auf acht Bände sowie einen Ergänzungsband die Bedeutung der Poggendorffschen Œuvres. Wissenschaftshistoriker und historisch interessierte Naturwissenschaftler aller Disziplinen sind sich einig darin, dass das inzwischen unter dem Namen „J.C. Poggendorff Biographisch-literarisches Handwörterbuch der exakten Naturwissenschaften“ editierte, allgemein kurz als der „Poggendorff“ bezeichnete Sammelwerk auch international eines der bedeutendsten und zuverlässigsten Nachschlagewerke wissenschaftsgeschichtlichen Inhalts ist.

Nach wechselnden Zuständigkeiten übernahm im Jahr 1912 die Sächsische Akademie der Wissenschaften zu Leipzig die ausschließliche Zuständigkeit für die Fortführung, Bearbeitung und Herausgabe der Fortsetzungsbände des „Poggendorff“. Zu fast 28 000 Gelehrten aus aller Welt von der Antike bis zur Jetztzeit sind nunmehr in ihm Lebensdaten, Arbeitsgebiet(e), Publikationen, Auszeichnungen, Ehrungen und andere wesentliche Vermerke aufgezeichnet.

Das Erscheinungsdatum des in drei Teilbänden gegliederten, abschließenden Bandes VIII des „Poggendorff“ sowie der zwei Teilbände des umfassenden Ergänzungsbandes „Mathematik“ war Anlass zu dem wissenschaftlichen Kolloquium „Johann Christian Poggendorff und das Handwörterbuch der exakten Naturwissenschaften – Kolloquium aus Anlass des Abschlusses eines Jahrhundertwerkes“.

Es wurde gemeinsam von der Sächsischen Akademie der Wissenschaften zu Leipzig und der Deutschen Akademie der Naturforscher Leopoldina in Halle getragen, von den beiden Herausgebern und den Herren A. Kleinert (Halle) sowie K.H. Schlote und H. Wußing (Leipzig) vorbereitet und am 23. Oktober 2004 in Leipzig durchgeführt.

Die vorliegende Abhandlung enthält die Ergebnisse der Veranstaltung in Form der dabei gehaltenen Vorträge, erweitert um einen überarbeiteten und wesentlich ergänzten Beitrag aus der Leopoldina, der die Vortragsveranstaltung eingeleitet hatte, hier aus akademischer fachspezifischer Sicht (Physiker und Chemiker im Mitgliederbestand der Leopoldina-Akademie des 19. Jahrhunderts) angereichert. Die insgesamt sechs Aufsätze geben einen ausführlichen Überblick über die Entstehungsgeschichte der Poggendorffschen Handwörterbuchs, aber auch über die Persönlichkeit des *spiritus rector,* über den Wissenschaftler und Menschen J. C. Poggendorff. Der Vortrag des letzten langjährigen verdienstvollen Herausgebers H. Wußing enthält die wechselvolle Geschichte der Redakteure und Herausgeber, bis schließlich die Sächsische Akademie der Wissenschaften zu Leipzig für die Zeitspanne von 92 Jahren die Betreuung des „Poggendorff“ übernahm. Im Mittelpunkt eines weiteren Kapitels steht das Wirken von B.W. Feddersen, eines der späteren langjährigen Herausgeber des „Poggendorff“. Geisteswissenschaftliche Betrachtungen über Tradition und Innovation in der Entwicklungsgeschichte der deutschen Lexikographie mit besonderem Bezug zum „Poggendorff“ führen Wesen und Bedeutung lexikalischer Nachschlagewerke vor Augen.

Zwei Aufsätze aus unterschiedlichen Blickwinkeln geben dem Leser Einsicht in die Persönlichkeit Poggendorffs und sein Wirken als Wissenschaftler und Mensch bei seiner Einordnung in die Naturwissenschaften des 19. Jahrhunderts. Schließlich werden am Beispiel des Mitgliederbestandes von Physikern und Chemikern in der Leopoldina-Akademie des 19. Jahrhunderts Gesichtspunkte der Auswahl führender Wissenschaftler für die Aufnahme in wissenschaftliche Akademien deutlich. – Insgesamt gibt der vorliegende Band über Person und Leistungen Poggendorffs und Feddersens hinaus einen weitergehenden Einblick in die Arbeit von Wissenschaftsakademien in der Vergangenheit und davon abgeleitet in der Gegenwart.

Leipzig und Halle, im Januar 2005

Heiner Kaden
Sekretar der Mathematisch-naturwissenschaftlichen Klasse der Sächsischen Akademie der Wissenschaften zu Leipzig

Benno Parthier
Altpräsident der Deutschen Akademie der Naturforscher Leopoldina, Halle

Hans Wussing

Der „Poggendorff" – Bestand und Wandel

Herr Präsident!
Herr Vorsitzender!
Meine Damen und Herren!

Lassen Sie mich beginnen mit einem Stück persönlicher Erinnerung. Als Anfänger auf dem Gebiet der Wissenschaftsgeschichte wollte es das Glück, dass in meinem Arbeitszimmer im Karl-Sudhoff-Institut der „Poggendorff" stand, griffbereit. Und wenn es um Personen ging, die noch nicht oder nur noch unvollständig in den „Poggendorff" aufgenommen worden waren, hatte ich die Telefonnummer von Herrn Dr. Weichsel bei der Hand, dem damaligen Mitarbeiter der Poggendorff-Redaktion, der mir – und später meinen Kollegen – freundlich und bereitwillig sachgemäße Auskunft gab, über Jahre hinweg.

Meine Beziehungen zum „Poggendorff" waren anfangs auf den Nutzwert beschränkt, indem ich ihn als höchst aussagefähiges Nachschlagewerk betrachtete, das auch bei Querfragen zu Recherchen befähigte. Etwa, was mich damals bewegte, welche Mathematiker an der 1792 im Feuer der Französischen Revolution gegründeten Pariser Ecole Polytechnique gewirkt hatten, z. B. Monge, Lagrange, Laplace und viele andere Mathematiker an der Spitze damaliger Mathematik und Physik. Dort wurde der Typ der modernen Technischen Hochschule geboren, zumal noch weitere Fachgebiete wie Physik, Chemie und Mechanik mitwirkten. Und schließlich noch eine letzte persönliche Bemerkung: Nie hätte ich damals für möglich gehalten, je Herausgeber des „Poggendorff" zu werden, noch dazu als letzter, der den Abgesang auf ein solch großartiges Werk halten muss.

Wie Sie wissen, geht die Begründung des „Poggendorff" auf den Physiker Johann Christian Poggendorff (1796–1877) zurück. Er war Professor an der Berliner Universität, Mitglied der dortigen Akademie, ein erfindungsreicher Experimentalphysiker, jahrzehntelang Herausgeber der „Annalen der Physik und Chemie" und Verfasser einer noch heute hoch interessanten „Geschichte der Physik" (1871). Schon 1853 waren seine „Lebenslinien zur Geschichte der exacten Wissenschaften" erschienen. Am heutigen Nachmittag wird Herr Kaden ausführlich über Leben und Werk von Poggendorff sprechen.

Offenbar haben diese historischen Studien die Grundlagen zu seinem Hauptwerk gelegt. Die beiden Bände des „Poggendorff" erschienen 1863 in Leipzig beim hoch angesehenen Verlag Johann Ambrosius Barth, nach 15-jähriger Arbeit, wie er schreibt.

Der Verlag Johann Ambrosius Barth hatte schon damals eine ganz stattliche Reihe mathematisch-naturwissenschaftlicher Werke herausgebracht, darunter vom Mathematiker Möbius den „Barycentrischen Calcul", und führende Zeitschriften wie die „Annalen der Physik und Chemie", das „Journal der Physik", das „Journal für practische Chemie" (ed. O. L. Erdmann).

Der Druck des, wie gesagt, 1863 erschienenen Werkes hatte schon 1856 begonnen. Der Titel ist dem Stil der Zeit entsprechend ein wenig langatmig, bezeichnet aber dafür desto genauer den Inhalt:

> „Biographisch-literarisches Handwörterbuch zur Geschichte der exacten Wissenschaften enthaltend Nachweisungen über Lebensverhältnisse und Leistungen von Mathematikern, Astronomen, Physikern, Chemikern, Mineralogen, Geologen usw. aller Völker und Zeiten. Gesammelt von J. C. Poggendorff, Mitglied der Akademie der Wissenschaften zu Berlin."

Die beiden Bände umfassen 1526 Seiten, ein gewaltiges Werk. Man fragt sich, wie ein einzelner Mensch diese Leistung hat vollbringen können. Vielleicht werfen Sie einen Blick in dieses einzigartige Werk.

Laut Ankündigung sind Botaniker, Zoologen und Mediziner nur ganz selten vertreten, außer, wenn sie mit den sog. exakten Wissenschaften verflochten waren. Dagegen sind viele Persönlichkeiten vertreten, die ein wenig außerhalb der offiziellen Wissenschaft gestanden haben – über diese Personen wird man in sozusagen normalen Nachschlagewerken nichts oder kaum etwas finden.

Poggendorff schreibt im Vorwort:

> „Trotz aller Beschränkungen, die das ‚Handwörterbuch' sonach erfahren hat, bin ich doch überzeugt, dass der Leserkreis, für welchen ich es bestimmte, mehr darin finden wird, als in irgend einem ähnlichen Werke. Die bändereichen Encyclopädien und biographischen Lexika, welche wir besitzen, geben wohl über die Koryphäen der Wissenschaft genügend Nachrichten, aber über die grosse Zahl der, wenn auch nicht so hervorragende, doch um den Ausbau der Wissenschaften immer noch höchst verdiente Männer, gehen die meisten mit Stillschweigen hinweg." [Vorwort zu Bd. I, S. VI]

Unmittelbar nach Erscheinen der ersten Lieferung des 1. Bandes des „Poggendorff" sandte Alexander von Humboldt ein Glückwunschschreiben an Poggendorff (Brief vom 23. Januar 1858):

> „Ich kann Ihnen, theurer College und Freund, . . . nicht lebhaft genug ausdrükken, wie angenehm ich überrascht bin durch das herrliche Unternehmen eines biogr. litt. Handwörterbuchs, wo-

von, durch Ihr mir so viele Jahrzehende lang bewahrtes Wohlwollen, das erste schon so reichhaltige Heft in meinen Händen ist. Ein solches Unternehmen konnte nur von Ihnen ausgeführt werden! Sie allein konnten eine solche Masse von Material beherrschen . . . ." [H. Salié: Ein Standardwerk zur Geschichte der Naturwissenschaften. In: Forschungen und Fortschritt. 37. Jahrgang (1963), S. 202–205, S. 204]

Die von Poggendorff gewählte Konzeption der Folge und des Aufbaues der Stichworte hat Bestand gehabt, Bestand rund anderthalb Jahrhunderte: Alphabetische Anordnung der Stichworte (nicht nach Fachgebieten). Es folgen Stationen des wissenschaftlichen Lebens, seien es Universitäten oder Akademien oder auch repräsentative, beispielsweise Funktionen im Dienst von Fürsten oder Regierungen. Es folgen Geburtsort und Geburtsdatum, Sterbeort und Sterbedaten, Angabe eines eventuell davon verschiedenen Begräbnisortes.

Als Kernstück werden die wissenschaftlichen Werke – Bücher, Zeitschriftenartikel – und bibliographische Angaben aufgeführt, im allgemeinen in den Originalsprachen, gestützt auf Recherchen in Journalen und Lexika. Auch Poggendorff schon hat versucht, von den Gelehrten – so weit noch am Leben – die biographischen und bibliographischen direkt zu erbitten. Diese mühselige Arbeit ist in der Folgezeit fortgesetzt und sogar ausgeweitet worden, indem auch Verwandte und frühere Arbeitsstellen angeschrieben wurden, häufig sogar mit Erfolg. Auf diese Weise ist authentisches biographisches und bibliographisches Material entstanden, mit wertvollen Autographen. Es hat sich freilich gezeigt – was jedem Wissenschaftshistoriker vertraut ist –, dass die Eigenmitteilungen gelegentlich unzuverlässig sind. Gegenrecherchen waren oft genug notwendig.

Zurück zu Poggendorff. Ich will seine wissenschaftliche Leistung nicht kleinreden. Ein Vergleich – der allerdings noch systematisch geführt werden müsste – zeigt, dass er nicht alle bereits vorliegenden wissenschaftshistorischen Forschungen hat berücksichtigen können. Ein Beispiel ist die Literatur zu Archimedes. Dies zeigt im Quervergleich das erst jüngst (2002) erschienene Werk *Writing the History of Mathematics: Its historical Development*, geschrieben von einer internationalen Gruppe von Mathematikhistorikern, in dem die Entwicklung der Mathematikgeschichte selbst als historischer Prozess dargestellt wird. Diese Einschränkung ändert natürlich nichts an der ungeheuren Leistung von Poggendorff.

Wenn man im „Poggendorff" stöbert, findet man eine Fülle von Bemerkungen und Annotationen, die höchst bemerkenswert oder verwunderlich sind. Ein paar Beispiele: Johann Faulhaber, ein berühmter deutscher Cossist, sei an der Pest gestorben. Karl Friedrich Gauß hat sich bei der Immatrikulation im Collegium Carolinum 1792 als Johann Friedrich Karl Gauß eingetragen. Und: Geronimo Ferrari, der Entdecker der Lösungsmethode für die Gleichung vierten Grades, sei von seiner Schwester vergiftet worden. Wahr oder Legende? Immerhin war Ferrari Schüler von Cardano und diese Zeit, Anfang des 16. Jahrhunderts, war die große Zeit der Giftmorde. So ist bestätigt, dass ein Onkel von Cardano vergiftet worden ist. Ein Versuch, Cardano und seinen Vater zu vergiften, schlug fehl. Dafür aber wurde Cardanos ältester Sohn enthauptet, weil er seine Frau vergiftet hatte. Und noch: Gregory, ein schottischer Mathematiker, höchst verdienstvoll um die Entwicklung der Infinitesimalmathematik, starb plötzlich, nachdem er bei bester Gesundheit Jupitermonde beobachtet hatte.

Kehren wir zurück zur Geschichte des Handwörterbuches, unseres „Poggendorff", in aller Kürze, gestützt auf Berichte von Prof. Hans Salié und Frau Margot Köstler.

Die Weiterführung des Handwörterbuches verdankt man dem Physiker und Privatgelehrten Berend Wilhelm Feddersen, der mehrfach erhebliche finanzielle Mittel aus seinem Privatvermögen beisteuerte. Darüber und über anderes wird Herr Henke heute Nachmittag im Detail berichten.

Unter dem nächsten Herausgeber, Arthur von Oettingen (1836–1920), der sich auch um die Herausgabe der wissenschaftshistorischen Reihe *Ostwalds Klassiker der exakten Wissenschaften* verdient gemacht hat, konnte endlich 1898 der dritte Band folgen. Von Herrn von Oettingen stammt auch die Anregung, dass sich gelehrte Gesellschaften für den „Poggendorff" verantwortlich fühlen sollten. So wurde 1912, im Auftrage der deutschen Akademien, der Sächsischen Akademie (die damals noch Gesellschaft hieß) die Fortführung des „Poggendorff" übertragen. Für die Bände V und VI waren erhebliche Zuschüsse von den deutschen Akademien und der Notgemeinschaft der Deutschen Wissenschaft erforderlich. Band V erschien 1926, Band VI in vier Teilen 1940.

Viele Personen haben sich abgemüht, als Redakteur oder als Herausgeber: Karl Sudhoff, der Medizinhistoriker aus Leipzig, Erich Haas, Physikhistoriker aus Wien, Otto Wiemers, Physiker aus Leipzig, Oberstudienrat Paul Weinmeister, Hans Stobbe, Professor für organische Chemie, Max Le Blanc, Vizepräsident der Sächsischen Akademie.

Besonders interessant ist ein Blick auf das Vorwort zum Band VIIa. Es ist datiert vom Mai 1956 und unterzeichnet von Rudolph Zaunick, Professor an der Hallenser Universität und Direktor Ephemeridum der Leopoldina und unterzeichnet von Hans Salié, Professor an der Leipziger Universität. Er wird, wie noch zu berichten sein wird, einen bedeutenden weiteren positiven Einfluss auf den „Poggendorff" ausüben.

Der Band VIIa ist der erste nach dem 2. Weltkrieg erschienene. Die Universitätsbibliothek, wo die Redaktion des „Poggendorff" untergebracht war, wurde bei einem Bombenangriff im April 1945 schwer beschädigt. Am 1. April 1949 übertrug das Präsidium der Sächsischen Akademie der nur noch formell bestehenden Redaktion die Fortführung des „Poggendorff".

Die Kolleginnen und Kollegen standen – wie sie schreiben – „vor dem Nichts". Adressenkarteien, Titelsammlungen, Personenkarten waren verloren, ebenso wie das biobibliographische Material für die Berichtsjahre ab 1932. Die Arbeitsbedingungen in der Universitätsbibliothek, die weiterhin freundlicherweise die Redaktion beherbergte, waren zeitgemäß arg eingeschränkt.

Dazu kam noch folgendes: Als Resultat des verbrecherischen Hitler-Krieges waren die Beziehungen Deutschlands zum Ausland gespannt, verständlicherweise. So entschloss sich die Redaktion, unter den damaligen Bedingungen, zunächst nicht weiter „die globale Tendenz des ‚Poggendorff' zu verfolgen". So beschränkte man sich im Band VIIa auf den deutschsprachigen Raum, auf die Gelehrten Deutschlands, Österreichs und der Schweiz, eingeschlossen die Emigranten. Doch wurde für den Band VIIb die Erfassung der Gelehrten der übrigen Länder ausdrücklich angekündigt; dies ist dann 1965 bis 1992 auch geschehen.

Zurück zum Jahre 1951, zu Band VIIa. Der Beginn war mühsam: Personenlisten erstellen (die Wissenschaftslandschaft hatte sich nach dem Krieg weitgehend verändert), Fragebögen, Postverkehr, Rückvergleich mit Journalen, usw. usw.

Auch eine prinzipielle Ergänzung wurde vorgenommen, eine folgenschwere Entscheidung. Über die Mathematiker und Naturwissenschaftler hinaus wurden Ingenieurwissenschaftler und Mediziner einiger naturwissenschaftlicher Fachrichtungen (z. B. Physiologie, Pharmakologie, Chemotherapie) aufgenommen. Dadurch stieg die Zahl der Neuaufnahmen im Band VIIa des Berichtszeitraumes 1956 bis 1961 auf 4030.

Auch eine Rückbesinnung und Verstärkung der wissenschafts*historischen* Sichtweisen – nach einigen Irritationen der vorhergehenden Herausgeber – wurde von dem Redaktionsleiter Hans Stobbe eingeleitet, aber erst durch Rudolph Zaunick und Hans Salié in die Tat umgesetzt. Der „Poggendorff"

> „müsse das Gepräge eines aktuellen und zugleich wissenschaftshistorischen Biobibliographikums annehmen, er müsse unmittelbare Gegenwartsnähe mit wissenschaftsgeschichtlicher Tendenz vereinen". [Vorwort VIIa, S. VII]

Damit wurde eine wesentliche Umgestaltung, ein durchgreifender Wandel vollzogen. Der „Poggendorff" vermittelt seitdem die heute uns gewohnte Fülle an Informationen. Auch hinsichtlich Drucktechnik und Vereinheitlichung der Abkürzungen wurden wesentliche Fortschritte erzielt.

Im Jahre 1956 übernahm Hans Salié die Leitung der Redaktion, nachdem Rudolph Zaunick nach Halle übergesiedelt war.

Band VIIa, ausschließlich mit deutschsprachigen Gelehrten, lag im Jahre 1962 druckfertig vor. In fünf Teilbänden sind nahezu 7000 Biobibliographien enthalten mit mehr als 200 000 Literaturzitaten. 4000 Gelehrte waren neu aufgenommen worden.

Frau Margot Köstler, die letzte Leiterin der Poggendorff-Redaktion, berichtete 1999 von der tiefen Betroffenheit, die sich der Bearbeiter des Bandes VIIa und auch des späteren Bandes VIIb bemächtigt hatte, Betroffenheit über die hohe Zahl deutscher, französischer, holländischer und polnischer Gelehrter, die nachweislich in faschistischen Konzentrationslagern umgekommen sind sowie über die beträchtliche Anzahl sowjetischer Gelehrter, die verschollen sind.

Die Hauptaufgabe, die Edition des Bandes VIIb mit nicht-deutschsprachigen Gelehrten, stellte die Redaktion unter Hans Salié vor schwierige Entscheidungen: Die Zahl der Gelehrten, die neu in die Forschung eingetreten waren und die rasante Zunahme wissenschaftlicher Literatur hätte – bei Beibehaltung des bisherigen Auswahlsystems – gegenüber dem Band VI mindestens zu einer Verdreifachung der Zahl der Biobibliographien geführt, abgesehen von einer nicht tolerierbaren Frist bis zum Erscheinen des Bandes VIIb. Man entschloss sich, von Neuaufnahmen abzusehen und nur die Biobibliographien des Bandes VI weiterzuführen bzw. zu ergänzen. Dessen ungeachtet umfasste der Band VIIb, in 8 Teilbänden, mehr als 5000 Biobibliograhien.

In dieser Situation, bei der kaum noch zu bewältigenden Datenfülle, musste über die Zukunft des „Poggendorff" nachgedacht werden. Die Sächsische Akademie beschloss, den „Poggendorff" getrennt nach Fachgebieten weiterzuführen, in Teilbänden für Mathematik, Physik und Chemie. Dazu ist es jedoch nicht gekommen, aus diesen oder jenen Gründen. Lediglich Hans Salié – übrigens auch einer meiner akademischen Lehrer – hat in unermüdlicher, gewissenhafter Arbeit riesiges Material für den geplanten Mathematikerband zusammengetragen. Als Geschenk von großem Wert ist dies als Nachlass in den Bestand der Redaktion eingegangen. Über das weitere Schicksal wird noch zu berichten sein.

Rudolph Zaunick hatte umfangreiches Material hinterlassen. Aufgearbeitet durch Hans Salié entstand ein druckfertiges Manuskript, so dass 1971 ein Supplementband zu VIIa erscheinen konnte.

Hans Salié gab 1974 aus Alters- und Gesundheitsgründen die Leitung der Redaktion ab. Nachfolger wurde der Physikochemiker Dr. Weichsel, der sich schon große Verdienste um den „Poggendorff" erworben hatte. Als Dr. Weichsel seinerseits die Altersgrenze erreicht hatte, empfahl er 1985 die Diplomchemikerin Margot Köstler als Leiterin der Redaktion. Dr. Weichsel half seinerseits dankenswerterweise weiterhin in der Redaktion.

Der Band VIIb umfasst mehr als 6200 Druckseiten. Schließlich folgte 1994 noch eine Bibliographie der zitierten Periodika, höchst nützlich für die Benutzer.

Inzwischen war die DDR Teil der Bundesrepublik Deutschland geworden. 1994 erfolgte die Neugründung der Poggendorff-Redaktion; die Sächsische Akademie nahm sich wiederum engagiert des „Poggendorff" an. Im Zusammenhang damit wurde eine aus Akademiemitgliedern bestehende Kommission eingesetzt; sie wurde später erweitert zu einer Kommission für Wissenschaftsgeschichte, der auch die Leiterin der Poggendorff-Redaktion angehörte. Seit 1998 wird die Kommission von Akademiemitglied Kaden geleitet.

Nach einigen Diskussionen wurde der Inangriffnahme eines weiteren Bandes VIII stattgegeben, trotz der gewaltigen Zunahme an Informationen und sich bald abzeichnender Geldsorgen. Zwar wurden nach mehrmaligen Anträgen und nach positiven Evaluierungen weitere Geldmittel bewilligt, aber über das Ende des Jahres 2003 hinaus war keine Verlängerung möglich. Die Redaktion, der Herausgeber und die Kommission standen vor schwerwiegenden, nur im Disput zu fassenden Entscheidungen. Zunächst wurde auf weitere Neuaufnahmen verzichtet. Wenn anderswo bereits gedruckte Schriftenverzeichnisse und Nekrologe vorlagen, wurden sie nicht nochmals im „Poggendorff" abgedruckt, sondern nur darauf verwiesen.

Dann aber zeichnete sich durch einfache Hochrechnung ab, dass bei gewohnter Recherchetätigkeit und Artikellänge Band VIII nicht vollendet werden könne. Wir hatten die Wahl, etwa bis zum Buchstaben M oder N zu kommen und einen Torso zu hinterlassen oder – mit wesentlichen und schmerzlichen Einschränkungen hinsichtlich der Menge an Informationen – bis zum Buchstaben Z zu gelangen. Diesen letzteren Weg sind wir gegangen – wir mussten so verfahren, um wenigstens zu einem halbwegs befriedigenden formellen Abschluss zu gelangen.

Bei dieser Gelegenheit darf ich auch mit Nachdruck auf die elektronische Version des „Poggendorff" verweisen. In einer zweiten Version als DVD sind ca. 28 000 Biobibliographien enthalten.

Ein angeschlossenes Teilprojekt dagegen konnte zu einem glücklichen Ende gebracht werden.

Ich hatte berichtet von dem Nachlass von Hans Salié, mit einem Schatz von angelegten Mathematikerbiobibliographien. Aus dem riesigen Bestand haben das leider verstorbene Akademiemitglied Herbert Beckert und Prof. Eisenreich vom Mathematischen Institut eine Vorauswahl der zu berücksichtigenden Gelehrten getroffen. Im Auftrage der Kommission hat Frau Dr. Kühn die Aufgabe eines „Mathematiker-Poggendorff" in Angriff genommen, ganz allein auf sich gestellt, in mühsamer Arbeit bei der Suche nach biographischen und bibliographischen Daten zu Mathematikern, die zwar nicht unbedingt in der ersten Reihe gestanden, wohl aber Wertvolles zum Fortschritt der Mathematik geleistet haben. So ist ein dreibändiges Werk „Poggendorff – Ergänzungsband Mathematik" entstanden, das seinerseits Bewunderung erregt.

Es ist Zeit für eine große Danksagung. Freilich kann dies nur pauschal geschehen. So geht der Dank an Hunderte von Archiven und Bibliotheken in aller Welt, die Auskünfte erteilten, an Angehörige, die fehlende Daten lieferten, ein besonderer Dank an die hiesige Universitätsbibliothek, deren Mitarbeiter oft genug Hilfe leisteten und der Redaktion trotz beengter Raumverhältnisse eine Heimstatt gewährten. Die letzte Redaktion unter Frau Köstler hat mit ihren Mitarbeiterinnen unter Zeitdruck doch noch eine einigermaßen befriedigende Version von Band VIII zustande bringen können. Ein weiterer großer Dank geht an die jeweiligen Präsidien der Sächsischen Akademie und Herrn Hübner, an das Ministerium für Wissenschaft und Kultur der Landesregierung Dresden und an die Bund-Länder-Kommission. Und nicht zuletzt geht ein Dank an die Verlage, die die letzten Bände betreut haben, an Johann Ambrosius Barth (traditionell mit dem „Poggendorff" verbunden), an den Verlag Chemie, an den Akademieverlag und den Verlag Wiley-VHC.

Meine Damen und Herren!

Ich komme zum Schluss. Es war meine Aufgabe, Ihnen einen Bericht über Bestand und Wandel des „Poggendorff" in rund anderthalb Jahrhunderten zu geben. Eine Fülle von Tatsachen und verdienstvollen Persönlichkeiten ist an Ihnen vorbeigezogen. Vieles wäre noch zu berichten gewesen; wollen wir wenigstens pauschal der Schar der Mitarbeiter in den jeweiligen Redaktionen in Vergangenheit und Gegenwart gedenken, deren unermüdlichem Fleiß der „Poggendorff" zu verdanken ist.

Ich würde mich freuen, wenn es mir gelungen wäre, einen Eindruck von Inhalt und Geschichte des gewaltigen „Poggendorff" zu vermitteln, der mit Recht als ein Jahrhundertwerk bezeichnet werden kann und nachwirkend künftigen Wissenschaftlergenerationen hilfreich zur Seite stehen wird.

Martin Henke

„Groß war die Überraschung“

Berend Wilhelm Feddersen und sein Beitrag zum Poggendorffschen Handwörterbuch[1]

1. Zur Person Feddersens[2]

Berend Wilhelm Feddersen wurde am 26. März 1831 in Schleswig geboren. Väterlicherseits war er der Sproß einer seit vier Generationen währenden Juristenfamilie. Die mütterliche Linie ging auf eine Kaufmannsfamilie in Flensburg zurück. Man kann davon ausgehen, daß Feddersen in einer wohlbehüteten bürgerlichen Atmosphäre aufwuchs und er in der Kindheit keinen Mangel erleiden mußte.

Vermutlich hätte auch er eine Juristenkarriere eingeschlagen, wenn es nicht ab 1848 vor dem Hintergrund des aufkommenden Nationalbewußtseins zur schleswig-holsteinischen Erhebung gekommen wäre. Die Entwicklung dieser kriegerischen Auseinandersetzung zwischen den deutschstämmigen Bewohnern der Herzogtümer Schleswig und Holstein mit der dänischen Krone ist so kompliziert wie interessant, kann hier aber nur kurz angedeutet werden.

In ihren Auswirkungen für die Familie Feddersen war sie allerdings prägend: Feddersens Vater verlor seine Anstellung, und Feddersen selber konnte seine Schulausbildung nicht in Schleswig fortsetzen. Er wechselte an das Gymnasium im thüringischen Gotha, wo er 1851 sein Abitur machte. Danach begann er mit dem Studium der Philosophie in Göttingen, wechselte nach Berlin und promovierte letztendlich in Kiel mit einer Arbeit über die elektrische Funkenentladung. Dieses Thema ließ ihn auch in den nächsten Jahren nicht los.

Von Kiel aus zog er 1858 nach Leipzig um und erforschte dort als Privatgelehrter die elektrischen Erscheinungen. Gegen Ende der sechziger Jahre beendete er seine physikalischen Untersuchungen und widmete sich anderen Dingen. So war er gemeinsam mit seiner Frau lange Jahre Vorsteher in der öffentlichen Armenpflege. In diese Zeit fiel auch die Mitarbeit am „Poggendorff“. Nach seinem Wechsel nach Leipzig wohnte er hier zeit seines Lebens und verstarb dort im hohen Alter von 87 Jahren am 2. Juli 1918. Seine physikalischen Untersuchungen lagen zu diesem Zeitpunkt schon über 60 Jahre zurück.

Die Abbildung 1 zeigt Feddersen im Alter von 77 Jahren.[3]

Abb. 1: Feddersen im Alter von 77 Jahren

2. Die Funkenentladung

Werden bei einem elektrisch geladenen Körper die beiden Elektroden mit einem elektrischen Leiter verbunden, so findet die Entladung durch einen Stromfluß im Leiter statt. Dieser Strom war Gegenstand von Feddersens Untersuchungen. Theoretische Vorbetrachtungen ließen erwarten, daß der Stromfluß unter bestimmten Bedingungen oszillatorisch verlief. Das bedeutete, daß der Strom bei der Entladung permanent die Richtung wechselte.

[1] Diesen Artikel widme ich meinem Doktorvater Prof. Dr. Andreas Kleinert.

[2] Henke, Martin: Flinke Funken im schnellen Spiegel – Berend Wilhelm Feddersen und der Nachweis der elektrischen Schwingungen, Book On Demand, Hamburg, 2000, S. 17–49.

[3] Feddersen, Berend Wilhelm: Entladung der Leidener Flasche, intermittierende, kontinuierliche, oszillatorische Entladung und die dabei geltenden Gesetze. In: Ostwald's Klassiker 166 (1908).

Feddersen trennte für seine Untersuchungen den Entladedraht auf und untersuchte den Funken, der zwischen den Enden übersprang. Dazu betrachtete er den Funken mit einem rotierenden Spiegel. Der von Feddersen benutzte Versuchsaufbau befindet sich heute im Deutschen Museum[4] und ist in Abbildung 2[5] dargestellt. Für seine Versuche lud Feddersen Leidener Flaschen (A) auf und entlud sie über eine Funkenstrecke (B), einen Schalter (C), einen Widerstand (D) und eine lange Rückführungsleitung (E).

Das Funkenbild wurde mit einem rotierenden Spiegel (F) auf eine Mattscheibe (G) reflektiert und dort von Feddersen untersucht. Abbildung 3 zeigt ein von Feddersen skizziertes Rotationsbild.[6] Deutlich zu erkennen sind die abwechselnden Hell- und Dunkelphasen, die auf eine Oszillation hinweisen. In einer weiteren Ausbauform wurde die Mattscheibe durch eine fotografische Platte ersetzt, auf der das Rotationsbild aufgenommen wurde. Abbildung 4 zeigt ein von Feddersen aufgenommenes Rotationsfoto.[7]

Mit dieser Untersuchungsmethode führte er eine große Anzahl von Untersuchungen durch, bei denen er die verschiedenen Versuchsparameter variierte, und wies damit experimentell die theoretischen Vorhersagen nach.

3. Der „Poggendorff"

3.1 Band 1 und 2

1863 präsentierte Johann Christian Poggendorff (1796 bis 1877) nach 15jähriger Arbeit ein zweibändiges Werk mit dem Titel „Poggendorff's Biographisch-literarisches Handwörterbuch zur Geschichte der exacten Wissenschaften enthaltend Nachweisungen über Lebensverhältnisse und Leistungen von Mathematikern, Astronomen, Physikern, Chemikern, Mineralogen, Geologen usw. aller Völker und Zeiten".[8] Band 1 umfaßte die Buchstaben A–K, Band 2 die zweite Hälfte des Alphabets. Der Inhalt

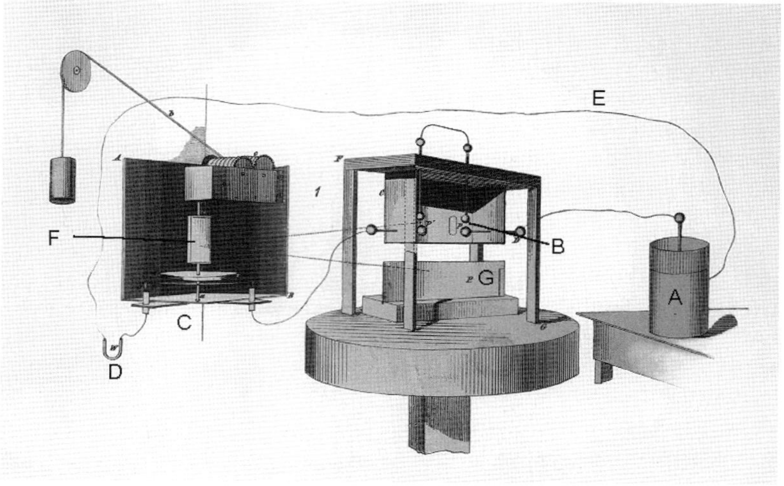

Abb. 2: Feddersens Rotationsapparat

Abb. 3: Skizzierte Darstellung einer oszillatorischen Entladung

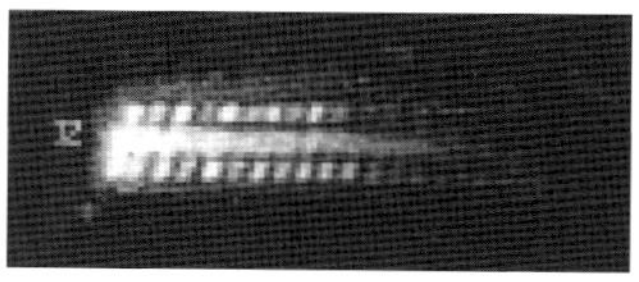

Abb. 4: Fotografische Aufnahme einer oszillatorischen Entladung

[4] Inventarnummer 2356. Der Versuchsaufbau befindet sich in der Ausstellungsabteilung „Physik" im Raum für „Elektromagnetische Schwingungen".

[5] Feddersen, Berend Wilhelm: Ueber die elektrische Flaschenentladung. In: Annalen der Physik 113, (2) 37 (1861), S. 437–467, Figur 1.

[6] Feddersen (1861), Figur 20 der Tafel VII.

[7] Feddersen, Berend Wilhelm: Ueber die elektrische Flaschenentladung. In: Annalen der Physik 116, (2) 40 (1862), S. 132–171, Figur 12 der Tafel III.

[8] Poggendorff, Johann Christian (Hrsg.): Biographisch-Literarisches Handwörterbuch zur Geschichte der exacten Wissenschaften enthaltend Nachweisungen über Lebensverhältnisse und Leistungen von Mathematikern, Astronomen, Physikern, Chemikern, Mineralogen, Geologen usw. aller Völker und Zeiten, Band 1. Verlag von Johann Ambrosius Barth, Leipzig, 1863 und Poggendorff, Johann Christian (Hrsg.): Biographisch-Literarisches Handwörterbuch zur Geschichte der exacten Wissenschaften enthaltend Nachweisungen über Lebensverhältnisse und Leistungen von Mathematikern, Astronomen, Physikern, Chemikern, Mineralogen, Geologen usw. aller Völker und Zeiten, Band 2. Verlag von Johann Ambrosius Barth, Leipzig, 1863.

bestand aus der stichwortartigen Personen- und Werkbeschreibung von etwa 8500 Wissenschaftlern. Aus dem Titel wird deutlich, welche Personen in diesen Band aufgenommen werden sollten. Vom Anfang der Wissenschaften bis zur Gegenwart sollten Wissenschaftler aus allen Kulturkreisen aufgenommen werden, die auf dem Gebiet einer exakten Wissenschaft tätig waren oder noch sind. Das war zweifellos eine sehr anspruchsvolle Zielsetzung. Es war auch schon Poggendorff klar, daß dies nicht auf den 1500 Seiten von Band 1 und Band 2 abgearbeitet werden konnte. Schon in seinem Vorwort zum ersten Band wies er deshalb auf die Notwendigkeit von noch folgenden Erweiterungen hin:

> „Was ich gegeben habe, ist ein erster Versuch. Ich bin in der mir gestellten Aufgabe ohne Vorgänger gewesen. Es kann also nicht fehlen und ich selbst bin genugsam davon überzeugt, dass mein Unternehmen noch mit mancherlei Lücken und Mängeln behaftet ist. Aber ich hoffe doch einen guten Grund gelegt zu haben, auf dem fortgebaut werden kann, wenn das gesteigerte Interesse für die Geschichte der Wissenschaft und ihrer Priester ein umfangreicheres Werk zum Bedürfniss machen sollte.“[9]

Trotz seiner „Lücken und Mängel“ war diese Sammlung im deutschsprachigen Raum einzigartig. Der „Poggendorff“, wie er bald genannt wurde, entwickelte sich schnell zu einem Standardnachschlagewerk für alle, die sich aus naturwissenschaftshistorischem Interesse mit dem genannten Personenkreis befaßten und für diejenigen, die sich schnell einen Überblick über das Werk und die Lebensdaten von Fachkollegen verschaffen wollten. Die große Resonanz und das schon gesammelte Material ermutigten Poggendorff, den Folgeband in Angriff zu nehmen. Er tat dies 14 Jahre lang. Leider schaffte er es nicht mehr, den Band fertigzustellen. Er starb am 24. Januar 1877. Das bis zu diesem Zeitpunkt gesammelte Material hinterließ Poggendorff seinem Verleger Wilhelm Ambrosius BARTH (1790–1851) in Leipzig.[10]

3.2 Band 3 und 4

Ein Jahr später, 1878, übergab Barth das von Poggendorff zusammengestellte Material Feddersen, der die Arbeiten fortsetzte. Nachdem Feddersen drei Jahre mit der Arbeit am dritten Band beschäftigt war, kam es zu einem „unliebsamen Zwischenfall“[11]. Um was für einen Zwischenfall es sich dabei handelte, läßt sich am besten einem Brief von Feddersen an Felix AUERBACH (1856–1933) entnehmen:

> „Im Jahre 1878 veranlasste mich der damalige Inhaber der Firma J. A. Barth, die Fortsetzung des Poggendorff'schen Handwörterbuches z. G. d. e. W. zu unternehmen und wir vereinbarten mündlich ein Honorar von 10000 Mark nebst Ersatz meiner Auslagen (Porto, Formalien etc.).
>
> Nachdem ich über 3 Jahre an dem Werke gearbeitet und den grössten sowie schwierigsten Teil (fast das gesamte nicht deutsche Ausland) des Manuskriptes vollendet hatte, war der Verleger anderen Sinnes geworden und legte mir so viele Schwierigkeiten in den Weg, dass ich zuerst einen Prozess gegen ihn anhängig machte, dann aber als ich die Unsicherheit seines Ausganges erkannte, denselben aufgab und dem Verleger das Manuskript unentgeltlich zur Disposition stellte, falls er einen anderen Autor finden würde. Dass weder er noch sein Geschäftsnachfolger einen solchen fand, lag wohl daran, dass der Verleger kein Honorar zahlen wollte.“[12]

Nachdem etwa über 17 Jahre daran gearbeitet wurde, trat eine mehr als 10jährige Verzögerung in der „Poggendorff“-Fortführung ein. Erst 1893 konnte ein Nachfolger gefunden werden:

> „Ich hatte mich inzwischen mehr mit communalen Angelegenheiten und anderen Dingen beschäftigt, als im Jahre 1893 Professor Arthur von Oettingen von der russischen Regierung gemassregelt, oder präziser ausgedrückt, mit einer kleinen Pension emeritiert wurde und mit zahlreicher Familie nach Leipzig kam, wo er sich zunächst als Privatdozent niederliess. Schon früher wissenschaftlich mit ihm befreundet, bemerkte ich sein Interesse an der Fortsetzung des Poggendorff'schen Wörterbuches und veranlasste ihn, mein Manuskript zu übernehmen, dass Fehlende unter Annahme meiner, wie ich glaube, nicht unwesentlich verbesserten Anordnung des literarischen Stoffes zu Ende zu führen und mit meiner Assistenz den Druck zu besorgen.“[13]

Aber Feddersens Engagement bei der Fortführung beschränkte sich nicht nur auf die Wahl eines geeigneten Nachfolgers und dessen fachliche Unterstützung. Darüber hinaus stellte er auch „einen beträchtlichen Theil der zur Erreichung des Zieles notwendigen Mittel“[14] zur Verfügung. Über die Höhe der zur Verfügung gestellten Mittel und der damit verbundenen Aufgabe gibt wieder der Brief an Auerbach nähere Auskunft:

> „Dass er diese Arbeiten nicht ohne Honorar ausführen könne, unterlag keinem Zweifel, vielmehr bedurfte er eines ansehnlichen Honorares, um für sich und seine Familie in anständiger Weise sorgen zu können.

[9] Poggendorff-Band 1 (1863), Vorwort.

[10] Köstler, Margot: J. C. Poggendorffs biographisch-literarisches Handwörterbuch der exacten Naturwissenschaften. In: Penzlin, Heinz (Hrsg.): Sächsische Akademie der Wissenschaften zu Leipzig. Geschichte ausgewählter Arbeitsvorhaben. Verlag der Sächsischen Akademie der Wissenschaften in Kommission bei S. Hirzel, Stuttgart/Leipzig, 1999, S. 59–69.

[11] Feddersen, Berend Wilhelm und Arthur Joachim von Oettingen (Hrsg.): J. C. Poggendorff's Biographisch-Literarisches Handwörterbuch zur Geschichte der exacten Wissenschaften enthaltend Nachweisungen über Lebensverhältnisse und Leistungen von Mathematikern, Astronomen, Physikern, Chemikern, Mineralogen, Geologen, Geographen u. s. w. aller Völker und Zeiten, Band 3. 1. Abtheilung, Verlag von Johann Ambrosius Barth, Leipzig, 1898, Vorwort.

[12] Feddersen an Auerbach, 23. Juli 1910. Staatsbibliothek Berlin – Preußischer Kulturbesitz, Nachlaß Auerbach.

[13] Feddersen an Auerbach, 23. Juli 1910.

[14] Poggendorff-Band 3 (1898), Vorwort.

Da vom Verleger nichts zu erlangen war, trat ich in die Bresche und sicherte v. Oettingen ratenweise zu zahlende 30 000 Mark, wenn er nicht nur das begonnene Werk zu Ende führen, sondern auch noch einen folgenden Band, die Zeit bis zum Anfang des neuen Jahrhunderts umfassend, herausgeben wolle. Ich hielt dies nicht nur in seinem, sondern auch im Interesse der Wissenschaft für nützlich. So entstanden die Bände III und IV des Werkes."[15]

Ob nun die Finanzierung der Bände 3 und 4 komplett durch Feddersen getragen wurde, wie es aus der Darstellung an Auerbach hervorgeht, oder ob Feddersen nur „einen beträchtlichen Theil der erforderlichen Mittel gespendet hat"[16], wie es von Oettingen im Vorwort des vierten Bandes beschrieb, ist nicht mehr zu klären und in diesem Zusammenhang unerheblich. Deutlich wird aber, daß es ohne den finanziellen Beitrag nicht zu einer Fortführung der Poggendorff-Reihe gekommen wäre.

Vier Jahre nach der Übergabe des von Feddersen bearbeiteten Materials an von Oettingen brachten die beiden gemeinsam 1898 den dritten Band des Poggendorffschen Handwörterbuches heraus.[17] Seit dem Erscheinen der ersten beiden Bände waren also insgesamt 35 Jahre vergangen! Band 4 ließ nicht solange auf sich warten. Er erschien nach insgesamt sechsjähriger Bearbeitungszeit im Jahre 1904.[18] Als Herausgeber wurde allein von Oettingen genannt.

3.3 Band 5

Mit dem Erscheinen von Band 4 endete aber Feddersens Engagement hinsichtlich der Fortführung der Reihe noch nicht. Mit Band 4 war der Zeitraum bis 1904 abgedeckt. Der Nutzen und der rege Gebrauch des „Poggendorffs" verlangten förmlich nach einer Fortführung. Um den Ansprüchen gerecht zu werden, mußte das Werk kontinuierlich auf dem aktuellen Stand gehalten werden.

Neben dem umfangreichen Inhalt zeichnete sich der „Poggendorff" dadurch aus, daß die einzelnen Bände ein einheitliches Erscheinungsbild aufwiesen. Die Darstellung der jeweiligen Biobibliographien in den einzelnen Bänden war weitestgehend gleich und erforderte keine große Umgewöhnung beim Arbeiten mit unterschiedlichen Bänden. Allerdings zeigte sich schon ein kleines Manko, das durch die verschiedenen Herausgeber entstanden war. Obwohl angedacht war, das Konzept von Poggendorff vollständig zu erhalten, führte Feddersen einige kleine Änderungen ein. Sie betrafen spezielle Typographien und die inhaltliche Gestaltung der einzelnen Beiträge. Diese Änderungen wurden zum Teil im Band 4 von von Oettingen wieder zurückgenommen:

„Hat sich doch schon gezeigt, dass bei dem IV. Bande, den v. Oettingen allein herstellte, eine formelle Anordnung im biographischen Teil, wie ich sie eingeführt hatte, von ihm abgeschafft wurde."[19]

Ebenso arbeitete von Oettingen seine Ideen in den Band 4 ein und änderte damit seinerseits das Erscheinungsbild.

Was ließ sich tun, um die Folgebände regelmäßig erscheinen zu lassen und gleichzeitig ein Maximum an Kontinuität im Erscheinungsbild zu gewährleisten?

Feddersens erste Idee war die Einrichtung einer Stiftung innerhalb der Königlich Sächsischen Gesellschaft der Wissenschaften in Leipzig. Der Sinn der Stiftung sollte in der Einrichtung und der Finanzierung einer außerordentlichen Professur für Geschichte der Physik liegen, deren Hauptaufgabe es wäre, den „Poggendorff" kontinuierlich weiterzuführen.[20] Als Vorlage diente ihm die ebenfalls durch eine Stiftung gegründete Professur für Geschichte der Medizin in Leipzig. Feddersen war allerdings realistisch genug, zu erkennen, daß weder er als Privatmann noch die Königlich Sächsische Gesellschaft der Wissenschaften die Mittel hatte, eine solche Professur ins Leben zu rufen.

„Dennoch möchte ich den Gedanken, dass die Fortsetzung des Poggendorf'schen Werkes auf irgend eine Weise gesichert werden könnte, nicht aufgeben."[21]

Einen anderen Weg der Finanzierung hatte Feddersen im Mai 1910 mit Philipp Eduard Anton LENARD (1862 bis 1947) in Heidelberg besprochen. Lenard fand die Idee einer Stiftung nicht abwegig.[22] Beide verabredeten, daß Lenard dieses Thema auf der kommenden Versammlung der Naturforscher in Königsberg zur Sprache bringen sollte.[23] In seinen Briefen an Jonathan ZENNECK (1871 bis 1959)[24] und Auerbach[25] bat Feddersen deshalb darum, Lenard in Königsberg bei diesem Ansinnen zu unterstützen.

[15] Feddersen an Auerbach, 23. Juli 1910.
[16] Poggendorff-Band 4 (1904), Vorwort.
[17] Poggendorff-Band 3 (1898).
[18] Von Oettingen, Arthur Joachim (Hrsg.): J. C. Poggendorff's Biographisch-Literarisches Handwörterbuch zur Geschichte der exaten Wissenschaften enthaltend Nachweisungen über Lebensverhältnisse und Leistungen von Mathematikern, Astronomen, Physikern, Chemikern, Mineralogen, Geologen, Geographen u. s. w. aller Völker und Zeiten, Band 4. Verlag von Johann Ambrosius Barth, Leipzig, 1904.
[19] Feddersen an Auerbach, 23. Juli 1910.
[20] Feddersen an Auerbach, 23. Juli 1910.
[21] Feddersen an Auerbach, 23. Juli 1910.
[22] Feddersen an Zenneck, 18. August 1910. Deutsches Museum in München, Nachlaß 053-036.7.
[23] Feddersen an Auerbach, 23. Juli 1910.
[24] Feddersen an Zenneck, 18. August 1910.
[25] Feddersen an Auerbach, 23. Juli 1910.

Ob das Thema in Königsberg zur Sprache kam, ist fraglich. In den offiziellen Protokollen der Versammlung ist jedenfalls keinerlei Hinweis darauf zu finden.[26] Das heißt natürlich nicht, daß nicht inoffiziell über die Fortführung des „Poggendorffs" diskutiert wurde. Komplett vom Tisch war die Idee jedenfalls nicht, was ein Briefwechsel mit Otto Heinrich WIENER (1862–1927) belegt. Wiener war 1911 Ordinarius für Physik an der Universität in Leipzig. Schon Anfang Februar 1911 hatte Feddersen mit Hermann EBERT (1861–1913) aus München korrespondiert. Ebert war zu diesem Zeitpunkt Leiter des Instituts für Physik an der Technischen Hochschule in München und Mitglied der Bayerischen Akademie der Wissenschaften. Der Briefwechsel hatte die Fortführung der Poggendorffschen Handwörterbücher und die Einrichtung einer dafür vorgesehenen festen Institution zum Inhalt.[27]

In der Kolloquiumssitzung der Königlich Sächsischen Gesellschaft der Wissenschaften vom 24. Februar 1911 teilte der Sekretär den Anwesenden mit, daß, wie Wiener einen Tag später an Feddersen schrieb,

> „[...] die Münchner Akademie für die nächste Kartelltagung den Antrag eingebracht hat, dass Ihr Unternehmen offiziell von den kartellierten Akademien fortgesetzt werde".[28]

Der Antrag der Münchner brachte für die Leipziger auch gewisse Probleme mit sich. Der „Poggendorff" war seit über 50 Jahren eine Leipziger Angelegenheit. Wenn jetzt die Münchner die Initiative ergriffen, bedeutete dies zumindest einen Eingriff in die Leipziger Kompetenz. Etwas resignierend bemerkte dann auch Wiener Feddersen gegenüber:

> „Freilich gleitet damit die Sache Leipzig aus den Händen; aber vielleicht ist das Unternehmen doch besser bei den Beamten des Deutschen Museums in München aufgehoben".[29]

Feddersen sah das etwas anders. Schon vor der Kolloquiumssitzung hatte er Wiener seinen Briefwechsel mit Ebert zugesandt, um ihn über seine Aktivitäten und die Hintergründe zu informieren.[30] Feddersen mußte also schon vor der Leipziger Sitzung über den Schritt der Münchner informiert gewesen sein. Wiener betrachtete diese „Vorab"-Information als unnütz und schickte den Briefwechsel wieder zurück.[31] Es spricht für die Hartnäkkigkeit Feddersens, wenn dieser seinen Briefwechsel mit Ebert schon am folgenden Tag wieder an Wiener sandte.[32] Einen Tag später war dann endgültig klar, daß Wiener nichts damit zu tun haben wollte: er schickte Feddersen den Briefwechsel zum zweitenmal zurück.[33] Diesmal allerdings mit einer Begründung: Nicht er würde nach Göttingen zur Akademien-Versammlung fahren, sondern Wilhelm HALLWACHS (1859–1922). Hallwachs würde die Interessen der Königlich Sächsischen Gesellschaft der Wissenschaften vertreten. Aber er machte Feddersen den Vorschlag:

> „Viel schöner wäre es, wenn Sie ausserdem auch noch als Delegierter nach Göttingen gingen, um speziell Ihre Sache zu vertreten."[34]

Feddersen griff diese Idee auf – wenn er nicht schon von sich darauf gekommen war – und nahm persönlich an der Tagung des Deutschen Akademiekartells in Göttingen teil. Er vertrat hier die Interessen der Königlich Sächsischen Gesellschaft der Wissenschaften.[35] Auf der Tagung wurde beschlossen, die Herausgabe des fünften Bandes zu unterstützen. Für insgesamt vier Jahre wurden jeweils 3000 Mark zur Verfügung gestellt. Die Federführung wurde – nicht zuletzt auf Betreiben von Feddersen – der Königlich Sächsischen Gesellschaft der Wissenschaften übertragen.

Feddersen konnte eigentlich mit diesem Ergebnis zufrieden sein. Erstmalig wurde von offizieller Seite die Wichtigkeit der Poggendorffschen Handbücher unterstrichen, deren Finanzierung gewährleistet und überdies noch die Urheberschaft in Leipzig belassen. Zufrieden war Feddersen allerdings nicht:

> „Inzwischen hat das Kartell der deutschen Akademien sich für die Sache interessiert und will v o r f ü h r r e i f z u n ä c h s t für einen 5. Band ein – nach kompetenten Urteilen durchaus unzureichendes – Honorar von 12000 M hergeben. Damit halte ich nicht nur die spätere Fortsetzung des Werkes in Frage gestellt, sondern die ganze überhaupt für ins Wasser gefallen."[36]

Da war es auch nur eine schwache Hilfe, als die Königlich Sächsische Gesellschaft der Wissenschaften das Budget um 8000 Mark aufstockte.[37]

Der weitere Verlauf der Entstehung des fünften Bandes war von der Suche nach einem geeigneten Kandidaten

---

[26] Witting, Alexander: Verhandlungen der Gesellschaft deutscher Naturforscher und Ärzte. 82. Versammlung zu Königsberg. Verlag von F. C. W. Vogel, Leipzig, 1911.
[27] Feddersen an Wiener, 26. Februar 1911. Sächsische Akademie der Wissenschaften, Leipzig.
[28] Wiener an Feddersen, 25. Februar 1911. Sächsische Akademie der Wissenschaften, Leipzig.
[29] Wiener an Feddersen, 25. Februar 1911. Sächsische Akademie der Wissenschaften, Leipzig.
[30] Feddersen an Wiener, 26. Februar 1911.
[31] Wiener an Feddersen, 25. Februar 1911.
[32] Feddersen an Wiener, 26. Februar 1911.
[33] Wiener an Feddersen, 27. Februar 1911. Sächsische Akademie der Wissenschaften, Leipzig.
[34] Wiener an Feddersen, 27. Februar 1911.
[35] Von Oettingen, Arthur Joachim: B. W. Feddersen. Nachruf von A. von Oettingen. In: Ber. Verhandl. Sächs. Ges. Wiss. Leipzig 70 (1918), S. 359.
[36] Feddersen an Zenneck, 7. Februar 1912. Deutsches Museum in München, Nachlaß 053-036.9.
[37] Von Oettingen (1918), S. 359.

geprägt. Als Problem entpuppte sich die Verbindung der lexikographischen Arbeiten mit einer Professur für Geschichte der Physik:

> „[...] die Vereinigung der lexikographischen Arbeit mit einer Professur für Geschichte der Physik hat ja auch ihre Bedenken. Ist der Betreffende ein guter Forscher, so wird er sich wahrscheinlich wenig zu der Lexikonarbeit eignen und umgekehrt. Die Vereinigung beider Eigenschaften muss als eine Seltenheit bezeichnet werden.“[38]

Nach einigem Suchen und Empfehlungen[39] einigte man sich auf einen Vorschlag von Karl Friedrich Jakob SUDHOFF (1853–1938), Professor für Geschichte der Medizin in Leipzig. Mit Arthur Erich HAAS (1884–1941) sollte ein junger Physikhistoriker aus Wien für die Redaktion des fünften Bandes gewonnen werden. Haas forderte allerdings für einen Wechsel nach Leipzig eine Anstellung als Professor. Mit Unterstützung von Wiener gelang es Ende 1913, eine nicht im Etat vorgesehene außerordentliche Professur in Leipzig einzurichten. Nachdem dies geschehen war, schloß die Königlich Sächsische Gesellschaft der Wissenschaften mit Haas einen Vertrag über die Fortführung des Poggendorffschen Handwörterbuches. Der Vertrag trat Mitte 1914 in Kraft. Der Ausbruch des Ersten Weltkrieges unterbrach allerdings die gerade begonnene Arbeit. Ende 1914 wurde Haas ins österreichische Heer einberufen. Vorübergehend übernahm der mittlerweile 80jährige von Oettingen erneut die Leitung der Redaktion. Er behielt sie auch, als Haas 1917 aufgrund der „Kriegswichtigkeit des Poggendorffschen Unternehmens“ vom Militär freigestellt wurde. Der fünfte Band des Poggendorffschen Handwörterbuches erschien in zwei Teilen 1925 und 1926.[40]

In die Zeit unter von Oettingens erneuter Leitung der Redaktion fiel die größte finanzielle Zuwendung Feddersens. Statt einer Serie von Einzelbearbeitungen sollte ein Büro gegründet werden, das die kontinuierliche Bearbeitung des Handwörterbuches sicherstellte. Von Oettingen forcierte diesen Plan und eröffnete am 24. Mai 1918 diese ständige Arbeitsstelle. Die Finanzierung sollte durch den Akademieverband gewährleistet werden. Feddersen hatte daran seine Zweifel. Nie ganz von seiner ursprünglichen Idee abweichend,

> „[...] trug [er] sich mit dem Gedanken, durch eine Stiftung das Unternehmen zu sichern. Er theilte mir [von Oettingen] seine Absicht mit, sagte aber wiederholt, er werde nicht vor Friedenschluß an die Ausführung gehen.“[41]

Ob es an seinem hohen Alter lag, Feddersen war mittlerweile 86 Jahre alt, oder ob es einen anderen Grund hatte: Feddersen wartete nicht auf das Ende des Krieges, sondern schritt nur einen Tag später zur Tat:

> „Groß war die Überraschung, als schon am 25. Mai, früh morgens, etwa ½ Tag nach Beschluß der Klasse, Feddersen einen Brief an den Herrn Sekretär richtete, in dem er mitteilte, er wolle mit seiner Gemahlin zusammen die Summe von 100 000 Mark der Klasse schenken zur Sicherung der beständigen Bearbeitung und Fortsetzung des Poggendorffschen Handwörterbuches.“[42]

So groß die Spende auch gewesen sein mag, von nachhaltiger Dauer für die Poggendorffschen Handwörterbücher war sie nicht. Die 1921 einsetzende Inflation in Deutschland vernichtete das Vermögen in kürzester Zeit.[43]

Aber davon merkte Feddersen nichts mehr. Er starb nur fünf Wochen, nachdem er mit seiner Spende das Überleben des „Poggendorff“ gesichert glaubte.

---

[38] Wiener an Feddersen, 25. Februar 1911.

[39] Feddersen an Wiedemann, 28. Mai 1912. Staatsbibliothek Berlin – Preußischer Kulturbesitz, Sammlung Darmstaetter F1* 161 (3).

[40] Sächsische Akademie der Wissenschaften zu Leipzig (Hrsg.), redigiert von Paul Weinmeister: J. C. Poggendorffs biographisch-literarisches Handwörterbuch für Mathematik, Astronomie, Physik, Chemie und verwandte Wissenschaftsgebiete, Band 5, Verlag Chemie, Leipzig/Berlin, 1926.

[41] Von Oettingen (1918), S. 360.

[42] Von Oettingen (1918), S. 360.

[43] Köstler (1999).

Gotthard Lerchner

Der „Poggendorff" – Tradition und Innovation in der Entwicklungsgeschichte der deutschen Lexikographie

0. Das Informationsinstrument *Lexikon* stellt, textwissenschaftlich betrachtet, einen Typ Wissensspeicher der besonderen Art dar. Es ist, aufs Ganze eines Werkes gesehen, kein kohärenter Text, zumindest kein „normaler" Lesetext: Erwartbar wird heutzutage kaum jemand – von Spezialfällen eines metatextlichen Kontroll- oder Analyseinteresses vielleicht abgesehen – auf die Idee verfallen, ein Lexikon linear, etwa wie einen Roman, einen Brief oder ein Lehrbuch vollständig von A bis Z zu lesen. Ein Lexikon bedient vielmehr ganz selbstverständlich und von alters her immer nur ein selektives, auf *Einzelnes* gerichtetes Informationsbedürfnis: Es wird eben im Falle eines je konkreten (begrenzten) Informationsdefizits „nachgeschlagen" – wie ein Telefonbuch etwa oder eine Tabelle.

Dementsprechend dürfte selbst unter den hier zur Feier des Abschlusses des „Poggendorff" versammelten hochmotivierten Spezialisten die Zahl derjenigen, die wirklich alle acht nunmehr vorliegenden und heute feierlich zu würdigenden Bände des Werks Seite für Seite durchgelesen haben, mit großer Wahrscheinlichkeit gegen Null streben. Und das ist, wie aus dem Gesagten hervorgeht, natürlich völlig in der Ordnung – einer Ordnung, die (das sollte man sich schon einmal vergegenwärtigen) in einer langen, nicht weniger als runde vier Jahrtausende überspannenden Kulturgeschichte der Menschheit gründet. Diese Tradition reicht von den ältesten Zeugnissen frühgeschichtlicher vorderasiatischer Hochkulturen (z. B. mit glücklicherweise erhalten gebliebenen Tontäfelchen sumerisch-akkadischer lexischer Gleichungen) durch Zeiten und Räume unterschiedlicher sozialer Strukturen und historischer Formationen hinweg in der Tat ungebrochen bis auf uns und unsere heutigen akademietypischen lexikographischen Vorhaben. Auch durch die modern und drucktechnisch ebenso ansprechend wie zweckmäßig gestalteten Bände des „Poggendorff" weht also, wenn man so will, der Atem einer langen, sehr langen und würdevollen Wissenschaftsgeschichte: *Tief ist der Brunnen der Vergangenheit,* wenn Sie mir die zitathafte Anspielung auf den Beginn von Thomas Manns berühmten Josephsgeschichten erlauben wollen; aber auch in dem uns hier und heute beschäftigenden Fall ist es ein *Brunnen* eben, der mit unverminderter Lebenskraft nach wie vor Wassers die Fülle hat. Diese Feststellung erscheint nicht ungeeignet, so etwas wie eine Grundstimmung feierlicher Hochachtung zu erzeugen – und wir wollen dieses Moment gerade im Blick auf den festlichen Anlaß unserer Zusammenkunft auch durchaus betonen.

1. Lexikographie – Theorie und Praxis im Spannungsverhältnis von Kultur- und Wissenschaftsgeschichte

Da die kulturgeschichtlich lange Entwicklung des Typs lexikographischer Erzeugnisse, wie naheliegend, in kommunikativ-praktischer Hinsicht im Laufe der Zeit notwendigerweise auf sich wandelnde soziale Bedingungen und kommunikative Bedürfnisse gestoßen ist, war ein – soziokommunikativ reflektiertes – Spannungsverhältnis zwischen *type* und *token* (also zwischen dem Lexikon als idealtypischem Instrument und seinen je konkreten Erscheinungsformen) die funktionale Folge. Dieses Spannungsverhältnis schlägt sich, wissenschaftsgeschichtlich faßbar, in den unterschiedlichen *Funktionszuschreibungen* an Lexika nieder, die diese aktuell kennzeichnen. Es sind dies:

- das Lexikon als *Instrument der Kommunikation*;
- das Lexikon als *Dokument, das Strukturen der Wissenschaftsorganisation* eines konkreten Konsoziums in einer bestimmten Zeit oder Epoche widerspiegelt;
- das Lexikon als *Monument,* als *Denkmal* historisch konkreter kultureller wissenschaftlicher Praxis.

Das bedarf näherer Erläuterung.

1.1. Das Instrument *Lexikon* hat im Laufe der langen geschichtlichen Entwicklung seiner soziokommunikativen Anwendung ziemlich unterschiedliche Formen und Zwecksetzungen entwickelt, so daß sich historisch unterschiedliche Lexikonmodelle herausgebildet haben und in neuerer Zeit sogar eine eigenständige Wissenschaftsdisziplin *Wörterbuchforschung* – im Unterschied zur praktischen Lexikographie *Meta-Lexikographie* genannt – zu etablieren für notwendig erachtet worden ist.[1] Das soll im gegebenen Zusammenhang nicht weiter expliziert wer-

---

[1] Zur internationalen historischen und methodologischen Entwicklung der Lexikographie in Theorie und Praxis vgl. die enzyklopädischen Darstellungen in der Reihe *Handbücher zur Sprach- und Kommunikationswissenschaft,* hrsg. v. H. Steger / H. E. Wiegand, Bände 5.1 und 5.2 *Wörterbücher/Dictionaries/Dictionnaires. Ein internationales Handbuch zur Lexikographie.* Berlin / New York 1989. 1990.

den, aber immerhin verständlich machen, daß und wieso in der Praxis, für die der „Poggendorff" ja nun einmal bestimmt ist, dieses *Lexikon* durchaus neben *Lexika* ganz anderer Art und Funktionsbestimmung im gleichen Fach zu stehen kommen kann – Sachlexika bzw. Konversationslexika unterschiedlicher Gegenstandsbereiche etwa, aber auch Sprachwörterbücher und Spezial-Nachschlagewerke unterschiedlicher Themenbereiche bzw. differenzierterer Funktionsbestimmung. Das ihnen gemeinsame Merkmal, *Instrument der Kommunikation* zu sein, wird etwa an den folgenden (im einzelnen variablen) Aufgabenzuweisungen erkennbar:

- Entsprechung bzw. Befriedigung punktueller, allerdings je nach Anwendungsbereich erheblich unterschiedlicher konkreter Nachschlagebedürfnisse oder *Zugriffsprofile*;
- Fortsetzung von *,Schule'* in der kommunikativen Praxis, d. h. Beseitigung von (sozial und/oder individuell als störend empfundenen) Informationsdefiziten anhand der Bereitstellung von *benutzerbezogenen* Wissensspeichern (es gibt mittlerweile eine gut entwickelte *Wörterbuchbenutzungsforschung*);
- Schaffung/Bereitstellung einer (speziellen) *forschungsorientierten* Materialbasis (etwa im Falle sprach- oder wissenschaftsgeschichtlicher Aufgabenstellung wie z. B. bei den meist sehr langfristig angelegten großen Wörterbuchunternehmungen der Wissenschaftsakademien, Beispiel, wie naheliegend, der „Poggendorff").

Die Korpusbestimmung und -begrenzung bezüglich eines einzelnen konkreten Vorhabens definieren sich dabei über das jeweils zu erreichende Forschungsziel und die zu berücksichtigenden Datenmengen. D. h., jede Information eines Lexikons ist grundsätzlich auf methodisch systematische Weise zu gewinnen – der „Poggendorff" ist dafür ein überzeugendes Beispiel.

1.2. Ein auf wissenschaftlicher Grundlage erarbeitetes Lexikon *dokumentiert* auf diese Weise, durchaus einem Museum vergleichbar, eine konkrete, historisch gegebene *kulturelle Praxis,* d. h., es ist integrierender Bestandteil eines spezifischen, konkret sprachbestimmten Kultursystems:

> „Jede Befassung mit Gegebenheiten der materiellen, sozialen, geistigen, religiösen Kultur hat sich ... vor allem Weiteren mit dem lexikalischen Kleid, in das ihre Gegenstände gehüllt sind, ... zu befassen."[2]

Dieses Kultursystem manifestiert in jeder seiner Formen immer auch den natürlichen *Legitimationswunsch* der Benutzer von Lexika als Bestandteil der geistigen Kultur des zugehörigen Konsoziums. Jedes nach wissenschaftlichen Kriterien erarbeitete Lexikon dient damit, mittelbar oder unmittelbar, sozialer *Identitätsbildung* und schafft zugleich die Grundlage für Solidaritäten zwischen verschiedenen Gruppen und Völkern. Das dürfte auch der Grund gewesen sein dafür, daß die Förderung der Lexikographie als länderübergreifende Aufgabe in die Schlußakte von Helsinki für Sicherheit und Zusammenarbeit in Europa (1975) Aufnahme gefunden hat.

1.3. Insofern Lexika den letztgenannten Anforderungen genügen, können sie als *kulturelle Monumente* angesehen werden, d. h., sie besitzen historiographischen Aussagewert für die nationale und internationale Wissenschafts- und Kulturgeschichte. Diesem Aspekt dürfte hier und heute erhebliche aktuelle Bedeutsamkeit zukommen. Das heißt konkret: Lexika (vorausgesetzt: hoher wissenschaftlicher Qualität) bieten ein wichtiges prospektives Aussagepotential für die Grundlagen und Entwicklungstendenzen planbarer Zustände in Wissenschaft und Kultur und damit zugleich ein emotionales Moment für die Erfassung und Bewältigung nationaler und internationaler Erfordernisse in ihrem Gegenstandsbereich.

2. Der „Poggendorff" im kommunikationsgeschichtlichen Zusammenhang europäischer Wissenschaftsstrukturen im 18./19. Jahrhundert

Die Feststellung kulturgeschichtlicher Informationspotentiale wissenschaftlicher Lexika schließt die (notwendige) Voraussetzung ein, daß sie ihrerseits durch die soziokulturell dominanten Rahmenbedingungen der Kommunikation ihrer Entstehungszeit maßgeblich geprägt sind. Das trifft natürlich auch auf den „Poggendorff" zu. Konkret seien in dieser Hinsicht – so kursorisch wie notwendig und eben noch vertretbar – die folgenden Fakten erinnert:

(1) Insbesondere seit der zweiten Hälfte des 18. Jahrhunderts fand in (West-)Europa eine nachgerade sprunghafte Entwicklung von Industrie, Handel und Wissenschaften statt. In sprachlicher bzw. kommunikationsgeschichtlicher Hinsicht war sie u. a. gekennzeichnet durch die Entstehung und Verbreitung moderner technischer Fachwortschätze und eines vielgestaltigen „Industrie-Schrifttums", d. h. konkret z. B. in Übersetzungen französischer und englischer Technik-Literatur, in jetzt publizierten einschlägigen Fachbüchern, Zeitschriften und Fachlexika, Beispiel etwa das achtbändige *Technologische Wörterbuch* (1781–1795) von Johann Karl Gottfried Jacobsson, das sich u. a. um die Durchsetzung des funktionalen Benennungsprinzips (gegenüber dem patriarchalischen Handwerks-Wortschatz) im wissenschaftlichen Sprachgebrauch verdient gemacht hat.

(2) Die im Zuge der europäischen Aufklärung erfolgte Emanzipation der Naturwissenschaften aus den traditionellen Bindungen an die wissenschaftsbeherrschende or-

[2] Reichmann, O. / Wolf, D.: *Historische Lexikologie.* In: *Sprachgeschichte. Ein Handbuch zur Geschichte der deutschen Sprache und ihrer Entwicklung,* Bd. 1, hrsg. v. W. Besch / A. Betten / O. Reichmann / St. Sonderegger, 2. Aufl. Berlin 1998, S. 612.

thodoxe (katholische wie protestantische) Theologie bzw. das rhetorikgeschichtliche Lehrgebäude der Septem artes liberales hatte – gemeinsam mit der kommunikationsprägenden Herausbildung einer *bürgerlichen Öffentlichkeit*[3] in der zweiten Hälfte des 18. Jahrhunderts die Enstehung einer umfassenden *enzyklopädischen Praxis* zur Folge. Es sei hier nur erinnert an die in der Epoche der europäischen Aufklärung entstehenden weltberühmten Enzyklopädien in Frankreich, England und Italien. Deutschland folgt diesem Trend insofern etwas zeitversetzt, als die vergleichbaren großen Konversationslexika (Meyer, Brockhaus) erst seit der ersten Hälfte des 19. Jahrhunderts erscheinen. Immerhin sind aber auch hier um diese Zeit umfangreiche lexikalische Wissensspeicher entstanden, die dem wissenschaftsgeschichtlichen Trend der Zeit entsprechen, so z. B. Johann Heinrich Zedler: *Großes vollständiges Universallexikon aller Wissenschaften und Künnste*, 64 Bände, Halle/Leipzig 1732–1750, oder etwa Johann Georg Krünitz: *Oeconomische Encyclopädie oder allgemeines System der Land-, Haus- und Staatswirthschaft,* 242 (!) Bände, Berlin 1773–1858.

(3) Die wissenschaftsgeschichtliche Bedeutsamkeit dieser Entwicklung besteht wohl vor allem in den folgenden soziokommunikativen Zielen:

- unmittelbare Zugänglichkeit von Wissen zu schaffen, und zwar ohne scholastische Zugangsbeschränkungen;
- die grundsätzliche Öffentlichkeit von Wissen herzustellen bzw. zu gewährleisten und damit
- die gesellschaftliche Enthierarchisierung der Wissenschaftsstrukturen zu erreichen bzw. zu befördern.

Es kann, um es kurz zu machen, trotz dieser nur kursorischen Angaben m. E. kein Zweifel daran bestehen, daß auch der „Poggendorff" grundsätzlich in dieser zeitgenössischen lexikographischen Traditionslinie gesehen werden muß – ohne allerdings von ihr vollständig beherrscht worden zu sein.

3. Wissenschaftsgeschichtlich *innovative* Merkmale des „Poggendorff"

Bekanntermaßen hat Johann Christian Poggendorff sein in der Tat bahnbrechendes Werk 1857 bis 1863 in zwei Bänden unter dem Titel *Biographisch-literarisches Handwörterbuch zur Geschichte der exakten Wissenschaften* herausgegeben. Damit ist der individuell-besondere, der wissenschaftsgeschichtlich innovative Charakter seiner Leistung bereits hinlänglich markiert: Er besteht, auf eine kurze Formel gebracht, in der Zusammenführung (und dadurch gegebenen Potenzierung ihrer Wirkung) von drei Traditionssträngen geistes- wie wissenschaftsgeschichtlicher Entwicklung und ihrer Dokumentation. Aufs Einzelne gesehen:

(1) Das Wörterbuch ist integrierender Bestandteil der in groben Umrissen (oben) gekennzeichneten, durch die lexikographische Praxis in der Gesamtheit ihrer Facetten in nicht unerheblichem Maße beförderten, revolutionierenden Entwicklung der deutschen, im weiteren der europäischen exakten (Natur-)Wissenschaften.

(2) Ein besonderer, innovativer Bestandteil von Poggendorffs individueller Leistung im Rahmen dieser kulturgeschichtlichen Konstellation ist die Funktionalisierung des *Biographischen* für das Verständnis bzw. die Deutung historischer wie zeitgenössischer Prozesse in den exakten Naturwissenschaften, und zwar im Sinne der Adaption personeller Wertmodelle: Auf Grund je *besonderer* Leistung(en) gerinnt das Individuum zum *Typus* und damit zum Vorbild.

> „Das biographische Muster ist . . . eine Hilfe, um dem widersprüchlichen und schwer deutbaren Prozeß der Geschichte feste Konturen und Sinn zu verleihen."[4]

Natürlich ist Poggendorff damit durchaus auch ein Kind seiner Zeit, die mit der geistesgeschichtlichen Strömung des *Individualismus* – etwa in zeitgenössisch-literarischen Äußerungsformen, die hier nicht im einzelnen exemplifiziert werden können – offenbar Einfluß auch auf die Weltsicht des Naturwissenschaftlers Poggendorff gewonnen hat. Das Hervorhebenswerte seiner Leistung besteht jedoch unbeschadet dessen m. E. gerade in der produktiven Anverwandlung – nicht einfach Übernahme – einer philosophisch-literarisch begründeten konzeptuellen Spezifik für ein (seinem Inhalt nach) genuin naturwissenschaftliches Werk – in der Tat ein methodologisch kreatives Moment seines Schaffens, das auf Grund seines im modernen Verständnis nachgerade akademietypischen Wesenszuges das besondere Interesse der Nachwelt verdient!

(3) Die zweite bedeutende innovative Einflußnahme Poggendorffs auf die lexikographische Praxis von Mitwelt und Nachwelt bestand in der Instrumentalisierung bibliographischer Gegebenheiten für die Aussageprofilierung seines Werkes. Das und nichts anderes meint die Spitzmarke *literarisch* im (ursprünglichen) Titel seines Werkes, die im Sprachverständnis seiner Zeit noch die Gesamtheit des (gelehrten) Schrifttums (z. B. eben eines Autors) bezeichnen konnte; der heute geläufigen Bedeutungsverengung in der Beziehung auf Schriftkunstwerke der „schönen Literatur" folgte Poggendorff in seiner ursprünglichen Titelgebung noch nicht. Wissenschaftsgeschichtlich als besonders bedeutsam ist mithin hervorzuheben, daß der Verfasser mit beiden Innovationen – der

---

[3] Siehe Habermas, J.: *Strukturwandel der Öffentlichkeit. Untersuchungen zu einer Kategorie der bürgerlichen Gesellschaft.* 12. Aufl. Darmstadt 1981.

[4] Siehe Ueding, G. (Hrsg.): *Historisches Wörterbuch der Rhetorik,* Bd. 2, Tübingen 1994, Sp. 33.

Einbeziehung des Biographischen und des Bibliographischen in die wissenschaftliche lexikographische Praxis – der erste bedeutende deutsche Vertreter des Typus *bio-bibliographischer Lexika* genannt zu werden verdient, der sich in der Folgezeit in verschiedenen Wissenschaftsdisziplinen (z. B. der Sprachwissenschaft) etabliert hat.

4. Der „Poggendorff" im Zeitalter der elektronischen Datenrepräsentation

Lexikographen aller Wissenschaftsdisziplinen haben sich – insbesondere an den deutschen Wissenschaftsakademien – heute der Frage zu stellen, ob ihre Methoden und Ergebnisse angesichts moderner Möglichkeiten elektronischer Datenverarbeitung noch als akzeptabel gelten können.

Wie die meisten der anderen großen akademietypischen Wörterbuchunternehmungen muß sich heute der „Poggendorff" durchaus mit dem Problem auseinandersetzen, ob Handbücher dieses Zuschnitts mit ihren generationenübergreifenden Bearbeitungszeiten und entsprechend hohen (Personal-)Kosten nicht schneller und wesentlich kostengünstiger auf elektronischem Wege verfertigt werden sollten bzw. könnten. Dieser Einwand kann nicht mit dem Verweis darauf abgetan werden, daß ja – den Sponsoren sei Dank – im Falle des „Poggendorff" bereits eine *nachträglich* erstellte elektronische Version besteht. Die ist natürlich im Benutzerinteresse außerordentlich begrüßenswert, trifft aber nicht den Kern des Problems, nämlich der Bewertung des natürlich traditionell erarbeiteten Ergebnisses als Grundlage. Es geht m. E. vielmehr um die abwägende Frage, ob die quantitativen Vorzüge (Zeit-, Kostenersparnis, Zugriffsmöglichkeiten) von *Datenbanken* den qualitativen Vorzügen eines traditionell erarbeiteten Wörterbuchs den Rang ablaufen können. Dazu vermag die (bereits erwähnte) relativ junge Wörterbuchbenutzungsforschung noch keine endgültige Antwort zu geben. Immerhin lassen sich in dieser Hinsicht die folgenden Vorzüge von Lexika gegenüber Datenbanken geltend machen:

- Während Datenbanken Wissen in der Regel nur als eine relativ gering strukturierte Sammlung von Informationen darstellen, bieten Handbücher von der Qualität des „Poggendorff" je relevante Problemstellungen bzw. intellektuelle Vorgaben für ihre Benutzung.
- Sie machen konkrete Angebote für die *Strukturierung* sozialen Wissens. Der „Poggendorff" bietet z. B. eben Informationen zum Verhältnis zwischen den Strukturen des (zeitgenössischen) Wissens und Strukturen der Wissensträger.
- Damit werden der Einordnung der Daten in entsprechend größere Zusammenhänge umfassendere Möglichkeiten offeriert.

Handbücher machen Angebote für die Systematisierung der Daten und stellen so die auch im Zeitalter der EDV unverzichtbaren Mittel der *Wissensorganisation* bereit. Der Geisteswissenschaftler ist durchaus versucht, in diesem Zusammenhang einen zeitgenössischen Vergleich zwischen den Haltungen von *Wagner* in Goethes „Faust" („zwar weiß ich viel, doch möcht ich alles wissen" = Sicherung von *Menge* an Informationen) im Gegensatz zu *Faust* („schau alle Wirkenskraft und Samen und tu' nicht mehr in Worten kramen" = Gewinnung einer konzeptuellen *Wichtung* als Weg zur Erkenntnis) in Goethes berühmtem Drama zu bemühen. Welcher Haltung unter den aktuell gegebenen Bedingungen an einer Akademie der Wissenschaften der Vorzug gebührt, liegt auf der Hand.

Hervorzuheben bleibt zum Schluß die Verpflichtung, nicht nur den geistigen Vätern, sondern allen Beteiligten an dem Zustandekommen des großen Werkes Dank zu sagen und ungeschmälerte Anerkennung zu zollen.

Heinz Penzlin

„Denn wer den Besten seiner Zeit genug getan, der hat gelebt für alle Zeiten“

Die Lebensstationen Johann Christian Poggendorffs (1796–1877)

I. Einleitung

Als Johann Christian Poggendorff 1863 dem Verleger Johann Ambrosius Barth in Leipzig den zweiten und abschließenden Band seines „Biographisch-Literarischen Handwörterbuchs zur Geschichte der exacten Wissenschaften, enthaltend Nachweisungen über Lebensverhältnisse und Leistungen von Mathematikern, Astronomen, Physikern, Chemikern, Mineralogen, Geologen usw. aller Völker und Zeiten“ übergab, schrieb er im Vorwort:

> „Somit wäre denn zum einstweiligen Abschlusse gebracht das Werk, dem ich seit etwa fünfzehn Jahren alle meine Muße gewidmet habe. Ob es dieses Opfers werth gewesen? – darüber können die Ansichten verschieden sein; aber zu dem Glauben halte ich mich doch berechtigt, daß die Nützlichkeit, ja Nothwendigkeit desselben nicht bestritten, vielmehr mit der Zeit immer mehr anerkannt werden wird.“

Wie recht sollte dieser ebenso bescheidene wie fleißige und erfolgreiche Mann mit seiner damaligen Einschätzung behalten! Das Werk fand nicht nur seine dankbaren Nutzer in aller Welt, und das bis auf den heutigen Tag. Es fanden sich auch Wissenschaftler, die eine Fortführung des Handwörterbuchs nach dem Tode Poggendorffs für dringend geboten hielten. So erschien bereits 1898 ein dritter Band, 1904 folgte ein vierter.

Seit 1912 liegt die Erarbeitung weiterer Fortsetzungsbände des „Poggendorff“ in den Händen der Sächsischen Akademie der Wissenschaften zu Leipzig, vormals „Königliche Sächsische Gesellschaft der Wissenschaften“. Mit dem VIII. Band findet nun dieses in der internationalen wissenschaftlichen Literatur einzigartige Werk nach 140jähriger intensiver Bearbeitung und Fortsetzung durch verschiedene Persönlichkeiten seinen angeordneten Abschluß. Wir halten den letzten Band mit gemischten Gefühlen in den Händen. In die Freude gepaart mit ein wenig Stolz über das Geleistete mischt sich Wehmut, weil es keine Fortsetzung geben wird, die uns dringend geboten erscheint. Zum „Poggendorff“, dessen bin ich sicher, wird auch weiterhin in aller Welt gegriffen werden, und der Nutzer wird niemals enttäuscht werden, weil er die gewünschten Informationen in übersichtlicher, zuverlässiger und erschöpfender Form erhalten wird, die er sucht. Ich bin aber genauso sicher, daß das Fehlen von Fortsetzungsbänden des „Poggendorff“ zukünftig in zunehmendem Maße schmerzlich empfunden werden wird, weil es kein gleichrangiges Werk gibt, das in vergleichbar gediegener, umfassender und gründlicher Form die gewünschten Daten für alle Interessenten bereitstellt. Es wird sich eine Lücke auftun, die nicht mehr geschlossen werden wird, die um so schmerzlicher empfunden werden wird, je mehr Zeit ins Land geht.

Wir haben also heute nicht nur Grund zur Freude, wir haben aber allen Anlaß, des Mannes in Dankbarkeit und Bewunderung zu gedenken, der vor 140 Jahren den „Poggendorff“ ins Leben rief (Abb. 1). Ich möchte in meinem Beitrag im Rahmen dieser Feierstunde gemeinsam mit Ihnen nochmals die wichtigsten Lebensstationen des Mannes durchschreiten, dessen Namen mit seinem Werk, dem „Poggendorff“, fortbestehen wird, solange es ein wissenschaftliches Interesse gibt – eines Mannes, der völlig aus eigener Kraft mit nie erlahmendem Fleiß und leidenschaftlicher Hingabe ein Lebenswerk im Dienste seiner Wissenschaft vorgelegt hat, das international kaum seinesgleichen hat.

Als Titel meines Vortrages habe ich ein Zitat aus dem Prolog zu Schillers „Wallensteins Lager“ ausgewählt, das

Abb. 1: Johann Christian Poggendorff (1796–1877)

dort lautet: „Denn wer den Besten seiner Zeit genug getan, der hat gelebt für alle Zeiten." Für diese Wahl gab es zwei Gründe. *Erstens* eignet sich dieses Zitat wie kein anderes, das Lebenswerk dieses großen Mannes im Dienste der exakten Naturwissenschaften seiner Zeit zu kennzeichnen. Wohl keiner vor oder nach ihm hat sich in solchem Maße, mit solchem Geschick, solcher Leidenschaft und Konsequenz wie er um die rasche Publikation und Verbreitung der in seiner Zeit erzielten wissenschaftlichen Erkenntnisse – und deren gab es wahrlich viele von hohem Rang! – auf dem Gebiet der Physik und der erst im Entstehen begriffene Physikalischen Chemie gekümmert. Über 52 Jahre – von 1824 bis zu seinem Tode am 24. Januar 1877 – lag die Redaktion der „Annalen der Physik und Chemie" in seinen geschickten Händen. In dieser Zeit hat er die Zeitschrift gegenüber allen Konkurrenten zu dem wichtigsten Organ der Physik in Deutschland und darüber hinaus gemacht.

Der *zweite* Grund für die Wahl des Zitats ist der, daß POGGENDORFF selbst dieses Schillersche Zitat am 28. Februar 1874 im Rahmen seiner Festrede zur Jubelfeier der „Annalen" verbunden mit dem Wunsche gebraucht hat, daß ihn einst „das Andenken an seine fünfzigjährige Thätigkeit in der Wissenschaft" überleben möge. Dieser Wunsch hat sich mehr als erfüllt, andernfalls hätten wir uns heute nicht zu dieser Feierstunde in den Räumen der altehrwürdigen Akademie, deren Mitglied er allerdings nie gewesen ist, zusammengefunden.

II. Die Wurzeln

„Poggendorffs" Wurzeln liegen im Mecklenburgischen, genauer gesagt: im südwestlichen Zipfel des Landes, der als diluviales Schwemmland ein Produkt der letzten Eiszeit ist. Eine flache, seenarme Heidelandschaft, in der nur vereinzelt Dörfer und Wälder für eine gewisse Abwechselung sorgen. Den Einheimischen ist dieser Landstrich unter dem Namen *„Griese Gegend"* bekannt. *„Gries"* bedeutet so viel wie „grau", womit auf die Färbung des Bodens Bezug genommen wird. Fritz REUTER[1], der in der benachbarten Festung Dömitz das letzte Jahr seiner Festungshaft durchleiden mußte, meinte allerdings, daß es gar kein „Boden", sondern „der schiere Sand" sei, den man dort anträfe. In seiner Erzählung „Ut mine Festungstid" charakterisierte er die Gegend mit den Worten:

> „De Heid – 'ne troostlose Gegend! Sand un Dannenbusch un Heidkruut un Knirk, so wiet dat Oog reckt."... „'T was 'ne grote Gegend, un Voß un Haas seden sick dor ‚Gun Morgen'. Minschen waanten dor nich, un se seden jo, sülvst de Franzoos wier ümkiert, as de Sand em bet an de Schinken gaan was.[2]"

Die Griese Gegend zählte wegen ihrer wenig fruchtbaren Sandböden zu den ärmsten Regionen Mecklenburgs. Viele Einwohner verließen im 19. Jahrhundert diesen Landstrich, um in Amerika ihr Glück zu suchen. Johannes GILLHOFF[3], selbst in der Griesen Gegend im Dorfe Glaisin bei Eldena aufgewachsen, hat ihren Bewohnern mit seiner 1917 erschienenen Erzählung *„Jürnjakob Swehn der Amerikafahrer"* ein ebenso warmherziges wie tiefgründiges Denkmal gesetzt. Man erzählt sich, daß das Land so arm war, daß selbst die Ritterschaft einen großen Bogen um es machte, was allerdings wieder den Vorteil hatte, daß es dort nur wenige Güter gab, dafür aber zwar arme, jedoch freie Bauern, Büdner und Häusler. Ein solcher Häusler namens Michel POGGENDORFF (Abb. 2) wohnte um 1700 in Bresegard bei Hagenow. Es war der Urgroßvater Johann Christians. Er hatte einen Sohn Ernst Hartwig, der am 02. März 1710 geboren wurde, später Bauer und Hauswirt in dem bei Ludwigslust gelegenen Dorfe Picher wurde und mit Dorothea FRANCKE in erster Ehe verheiratet war. Aus dieser Ehe ging als Erstgeborener am 14. November 1744 Joachim Heinrich Ernst POGGENDORFF hervor.

III. Der Vater

Dieser Heinrich Ernst POGGENDORFF verließ als junger Mann sein heimatliches Dorf und ging nach Hamburg. Er erlernte den Beruf des Zuckersieders. Die Zuckersiederei war damals ein florierendes Gewerbe. Von den 132 000 Einwohnern Hamburgs arbeiteten zu der Zeit nicht weniger als 10 000 in den Zuckersiedereien.[4] Er hatte das große Glück, sich bereits nach ein paar Jahren selbständig machen zu können. Die Geschäfte liefen auch zunächst sehr gut, so daß er es zu einem gewissen Wohlstand brachte. Johann Christian POGGENDORFF wurde am 29. Dezember 1796 in Hamburg in der Niedernstraße geboren. Es war

[1] Fritz Reuter wurde am 07. 11. 1810 in Stavenhagen als Sohn des dortigen Bürgermeisters und Stadtrichters geboren; Jura-Studium in Rostock und Jena; 1833 in Berlin verhaftet und wegen „Konat zum Hochverrat" zum Tode verurteilt; zu 30 Jahren Festungshaft begnadigt; 1840 aus der Festungshaft entlassen; Landwirt („Stromtid"), Privatlehrer und Schriftsteller; 1853 „Läuschen und Rimels" 1. Folge; 1859–1866 „Olle Kamellen" I bis VI; 12. 07. 1874 in Eisenach verstorben.

[2] Fritz Reuter: „Ut mine Festungstid", Kapitel 26.

[3] Johannes Heinrich Carl Christian Gillhoff wird am 24. Mai 1861 in Glaisin geboren. Großvater: Johann Christian Peter Gillhoff (1800–1853), Dorfschullehrer in Glaisin. – Vater: Gottlieb Gillhoff (1832–1915), ebenfalls Lehrer in Glaisin. – Es folgt eine Lehrerausbildung: Besuch der Präparandenanstalt und des Lehrerseminars in Neukloster. 1886 Veröffentlichung seiner ersten schriftstellerischen Arbeit. 1896 besteht er in Schwerin die Mittelschullehrerprüfung. Eintritt in den preußischen Schuldienst: Seminarlehrer in Erfurt, Halberstadt und Genthin. 1924 begründet er zusammen mit Otto Käst die „Mecklenburgischen Monatshefte". Am 16. Januar 1930 stirbt er im Parchimer Krankenhaus.

[4] Erik Verg: Das Abenteuer das Hamburg heißt. Der weite Weg zur Weltstadt. Ellert & Richter Verlag, Hamburg 1990, S. 86.

Die Familie Poggendorff

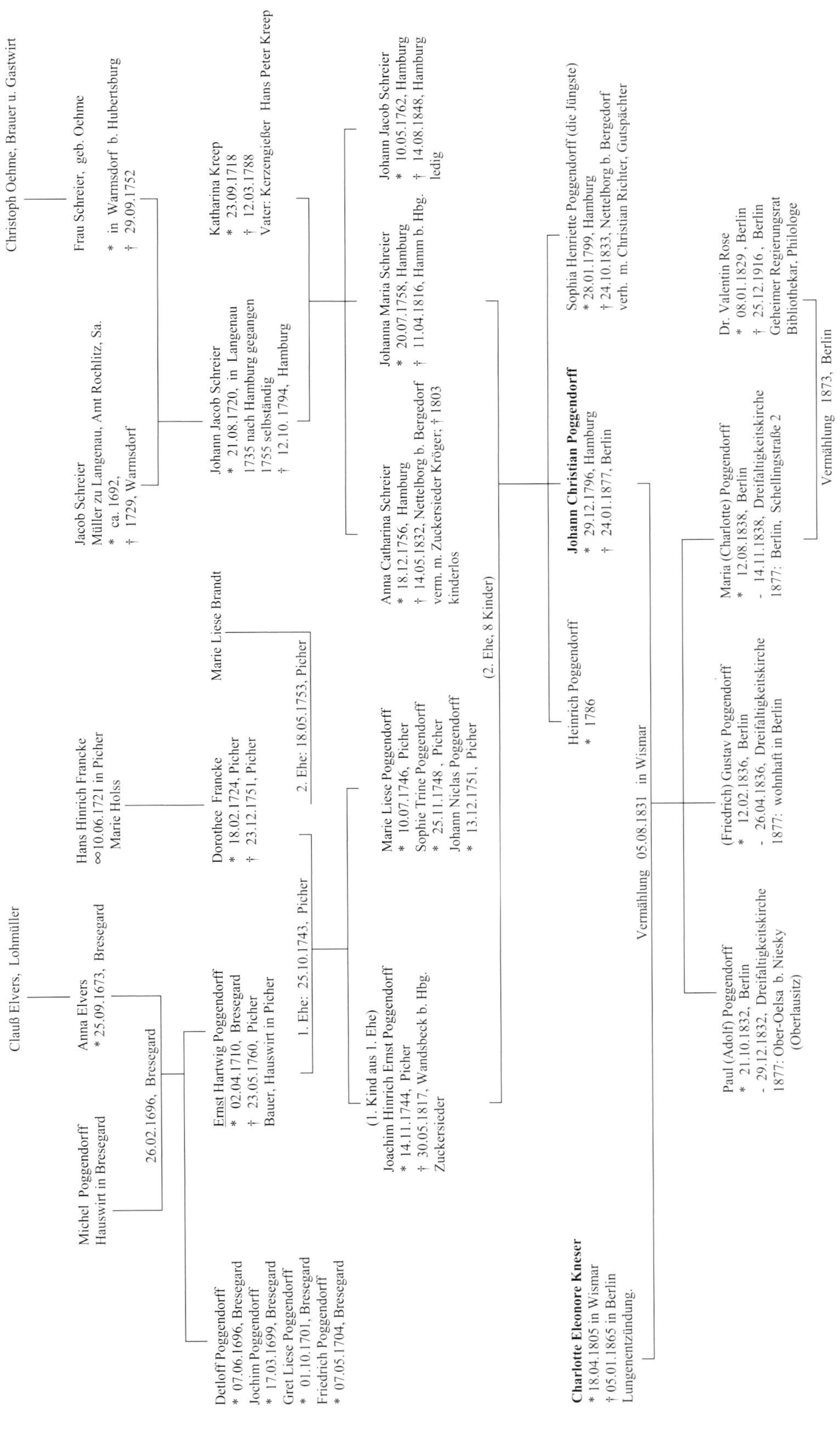

Abb. 2: Die Familie Poggendorff

die zweite Ehe seines Vaters. Insgesamt entsprangen aus beiden Ehen vierzehn Kinder, von denen allerdings nur zwei, sein um zehn Jahre älterer Bruder Heinrich und seine um zwei Jahre jüngere Schwester Sophie Henriette[5], auch später noch engeren Kontakt zu Johann Christian unterhielten.

Der Vater erwarb vom Baron BRETEUIL, einem emigrierten Exminister Ludwigs XVI., einen Landsitz in Hamm vor den Toren Hamburgs. Das Glück in ländlicher Abgeschiedenheit fand allerdings schon 1806 ein jähes Ende, als Napoleon gegen England die „Kontinentalsperre" verhängte, die katastrophale Auswirkungen auf Hamburg, das nun einmal vom Handel lebte, haben sollte. Der Vater mußte sein Geschäft aufgeben, da es ohnehin keine Arbeit mehr gab, und zog sich auf seinen Landsitz zurück. Hamburg wurde am 19. November 1806 durch MORTIER und seine 3000 Mann besetzt und als „Hambourg" die Präfektur des französischen Départements „Elbmündung"

Abb. 3: Marschall Louis Nicolas Davout (1770–1832). Ölgemälde von Pierre Gautherot (Musée national de Versailles)

(„Département des Bouches de l'Elbe"). Das Hamburger Wappen wurde durch den Kaiseradler ersetzt. Alle Zeitungen mußten unter französischem Titel zweisprachig erscheinen. Gouverneur wurde Marschall Louis Nicolas DAVOUT[6] (Abb. 3), der in der Doppelschlacht bei Jena die französischen Truppen in Auerstedt zum Siege geführt hatte.

Aber es sollte noch schlimmer kommen: Im März 1813 hatte man, wie sich später herausstellen sollte, viel zu früh „dat Enn von de Franzosentid" enthusiastisch gefeiert, nachdem bereits 1812 das Gros der Besatzer in Richtung Rußland abgezogen war und Anfang März die restlichen, noch verbliebenen Truppen die Hansestadt ebenfalls verlassen hatten. Die Hamburger sagten sich von der französischen Krone los und proklamierten ihre Unabhängigkeit. Am Morgen des 18. März 1813 wurde den 1400 Kosaken unter dem Kommando des aus Sachsen stammenden Oberst VON TETTENBORN von den Hamburgern ein außerordentlich herzlicher Empfang zuteil. Augenzeugen berichteten, daß Männer und Frauen mit Tränen in den Augen die struppigen kleinen Kosakenpferde umarmt und geküßt haben.[7] Der Oberst wurde der erste Ehrenbürger ihrer Stadt. Es bildete sich spontan eine „Hanseatische Legion" aus Freiwilligen, die bald 1600 Mann zählte und dem Kommando des Bleidachdekkermeisters David METTLERKAMP unterstand.[8]

Diese Zeit der Freiheit sollte allerdings nur ca. zehn Wochen dauern. Auf Befehl Napoleons, der in Hamburg den Eckpfeiler seiner Kontinentalsperre sah, zog DAVOUT mit 20000 Mann des Corps des Marschalls VANDAMME gegen Hamburg, wo er am 30. Mai 1813 eintraf. Der „Ehrenbürger" VON TETTENBORN hatte sich mit seinen Mannen und reichlichem privaten Gepäck vorher aus dem Staube gemacht, so daß die zurückgebliebene Hanseatische Legion und Bürgerwehr auf verlorenem Posten kämpfte.

Es folgten furchtbare Wochen für die Hamburger. Ihre Stadt wurde zur Festung ausgebaut, um einer Belagerung standhalten zu können. Dabei kannte DAVOUT keine Gnade: Die Bauernhöfe und Landsitze auf dem „Hamburger Berg", dem heutigen St. Pauli, auf dem Dammtor, im Dorfe Hamm sowie in anderen Vororten[9] Hamburgs ließ man – einen nach dem anderen – niederbrennen, um freies „Schußfeld" zu gewinnen (Abb. 4). Täglich wurden Tausende von Bürgern zu Schanzarbeiten abkommandiert. Die Franzosen wurden nervös, war doch ihre „Grande Armée" in dreitägiger Schlacht bei Leipzig vom 16. bis 19. Oktober vernichtend geschlagen worden. Nun beweg-

[5] Sophie Henriette Poggendorff, geboren 28. Januar 1799, gestorben 24. Oktober 1833 auf Nettelborg. Sie war mit Christian Richter (gestorben 29.03.1833) verheiratet, Pächter des Landgutes Nettelborg bei Bergedorf.

[6] Louis Nicolas Davout, Herzog von Auerstedt, Fürst von Eggmühl: Geboren 1770, besuchte mit Napoleon zusammen die Militärschule zu Brienne, wurde am 19.05.1804 von Napoleon zum Marschall von Frankreich ernannt, führte am 14. Oktober 1806 die französische Armee bei Auerstedt zum Sieg, erhielt am 02.07.1808 den Titel „Duc d'Auerstaedt", starb 1832.

[7] Erik Verg: Das Abenteuer das Hamburg heißt. Der weite Weg zur Weltstadt. Ellert & Richter Verlag, Hamburg 1990, S. 85.

[8] Erik Verg: Das Abenteuer das Hamburg heißt. Der weite Weg zur Weltstadt. Ellert & Richter Verlag, Hamburg 1990, S. 87.

[9] Z. B. Horn, Borgfelde, Harvestehude, Eppendorf, Eimsbüttel, Billwerder und Eißendorf südlich der Elbe.

Abb. 4: Um freies Schußfeld zu gewinnen, brennen die Franzosen 1813 die Vorstädte Hamburgs nieder. Auf dem Bilde im Hintergrund der brennende „Hamburger Berg“ (heute: St. Pauli). Lithographie von Peter Suhr (Staatsarchiv Hamburg)

te sich die „Nordarmee“ der Verbündeten auf Hamburg zu. Am 12. November erging die Order DAVOUTS an die Bevölkerung, daß jeder sich einen Lebensmittelvorrat für sechs Monate anzulegen habe. Ein Großteil der ausgeplünderten Bevölkerung war dazu gar nicht mehr in der Lage. Diese Menschen wurden kurzerhand in der Petrikirche zusammengetrieben und aus Hamburg ausgewiesen, denn eine belagerte Festung „könne sich keine Hungersnot leisten“, so der kurze Kommentar der Besatzer. Am frühen Morgen des Ersten Weihnachtstages 1813 bewegte sich ein Menschenstrom von 2000 Personen, von Soldaten angetrieben, durch das Millerntor in Richtung auf Altona. 1630 Menschen fanden dabei den Tod.[10]

Bis zuletzt hatten die POGGENDORFFS gehofft, daß ihr Landsitz in Hamm verschont bleiben würde, und zuerst sah es auch so aus. Doch am 15. Januar 1814 wurde auch das „einem Schlosse ähnliche und schöne Gartengebäude“[11] POGGENDORFFS ein Raub der Flammen. Der Hausherr schrieb in sein Tagebuch: „Der ewig unvergeßliche schreckliche Abend, wo unser Hab und Gut durch die französischen Barbaren den Flammen preisgegeben wurde.“[12] Johann Christians Vater hatte durch diese Ereignisse fast sein ganzes Vermögen, das er sich durch zähen Fleiß und eiserne Disziplin durch die Jahre hindurch erworben hatte, verloren.

Marschall DAVOUT räumte erst am 30. Mai 1814 Hamburg. Die Nachricht über die Abdankung seines Kaisers Napoleon am 14. April hatte ihn zwar erreicht. Er hielt sie aber für eine Kriegslist.[13] Am 31. Mai zogen die russischen Truppen mit ihrem General BENNINGSEN, von der Bevölkerung herzlich begrüßt, in Hamburg ein. Johann Christians Vater war nicht unter der jubelnden Menge. Er war ein gebrochener Mann und hat den Verlust seines Vermögens nie überwunden. Er starb drei Jahre später, 73jährig am 30. Mai 1817 verbittert in aller Stille in Wandsbek bei Hamburg, nachdem ihm seine Ehefrau Johanna Maria geb. SCHREIER bereits ein Jahr zuvor, am 11. April 1816, vorausgegangen war. Die sterblichen Überreste beider wurden in einem Gewölbe der Hammer Kirche beigesetzt.[14]

---

10 Erik Verg: Das Abenteuer das Hamburg heißt. Der weite Weg zur Weltstadt. Ellert & Richter Verlag, Hamburg 1990, S. 89 u. 92.

11 Johann Christian Poggendorff. Leichenrede von Emil Frommel nebst eigenhändigen Lebensnachrichten, Reden und Briefen. F. Dümmler's Buchhandlung, Berlin 1877, S. 19.

12 Johann Christian Poggendorff. Leichenrede von Emil Frommel nebst eigenhändigen Lebensnachrichten, Reden und Briefen. F. Dümmler's Buchhandlung, Berlin 1877, S. 21.

13 Erik Verg: Das Abenteuer das Hamburg heißt. Der weite Weg zur Weltstadt. Ellert & Richter Verlag, Hamburg 1990, S. 92.

14 Johann Christian Poggendorff. Leichenrede von Emil Frommel nebst eigenhändigen Lebensnachrichten, Reden und Briefen. F. Dümmler's Buchhandlung, Berlin 1877, S. 8.

IV. Die Ausbildung

Die schicksalhafte Zeit, als Marschall DAVOUT Hamburg zur Festung ausbaute, verlebte Johann Christian POGGENDORFF schon nicht mehr bei seinen Eltern. Er hatte nach seinem ersten Unterricht in Elementarschulen das Johanneum besucht, um dann in die Privatanstalt des Dr. SCHÖNING überzuwechseln. Die letzten fünf Jahre brachte er an der renommierten Erziehungsanstalt des Hofrats FIEDLER in Schiffbeck bei Hamburg zu,[15] wo er Ostern 1812 seinen Abschluß machte. Anschließend nahm er eine Lehre beim Apotheker Christoph HASSE in Hamburg am Großen Neumarkt Nr. 92 auf, die er um ein Jahr vorfristig als „Gehülfe" abschloß. Das ganze Apothekenpersonal wurde 1813/14 nach und nach von den Franzosen zum Lazarettdienst abbeordert, und einige fanden dabei ihren Tod. Schließlich blieb nur noch der jüngste Gehilfe, nämlich Johann Christian POGGENDORFF, übrig, in dessen Verantwortung es lag, den Apothekendienst aufrechtzuerhalten.

Ostern 1818 – seine Eltern waren inzwischen verstorben – verließ Johann Christian Hamburg und ging als Gehilfe zum Apotheker SPALKHAVER nach Itzehoe. Dieser Wechsel von Hamburg in das Landstädtchen war zwangsläufig mit einer gewissen Vereinsamung des jungen Menschen verbunden. Es fehlte ihm das Gespräch und der Umgang mit Freunden oder, wie es sein unverheirateter Onkel Johann Jacob SCHREIER[16] in einem Brief an ihn mitfühlend umschrieb, der

> „Umgang mit gebildeten Menschen, bey denen man nicht nöthig hat, zum Gespräch über die Beschaffenheit des Wetters oder über die gewöhnlichen, oft so unbedeutenden Stadt-Neuigkeiten seine Zuflucht zu nehmen, um nicht ganz stumm zu bleiben".

Der junge POGGENDORFF wußte jedoch, seine nicht zu knapp bemessene Freizeit durch intensives Lesen sinnvoll zu nutzen. Sein Prinzipal besaß eine umfangreiche Bibliothek, die ihm zur Verfügung stand. Insbesondere lag POGGENDORFF daran, seine chemischen Kenntnisse zu vertiefen, denn ihm wurde nach dem Verlust des väterlichen Vermögens klar, daß er niemals genügend Kapital werde aufbringen können, um sich als Apotheker selbständig zu machen. So reifte in ihm der Wunsch zu studieren.

In Itzehoe blieb POGGENDORFF bis zum Frühjahr 1820, um dann ein Studium der Naturwissenschaften in Berlin aufzumehmen. Dieser für POGGENDORFFS weiteres Leben so entscheidende Schritt fand weder die Billigung seines Onkels Johann Jacob SCHREIER noch die seiner Tante Anna Catharina KRÖGER[17], die sich in gegenseitigem Einvernehmen gemeinsam anstelle der Eltern für ihren Neffen verantwortlich fühlten. Die Anregung, nach Berlin zu gehen, kam von seinem Freund Friedlieb Ferdinand RUNGE[18], der mit ihm zusammen die Erziehungsanstalt des Hofrats FIDLER in Schiffbeck besucht hatte und inzwischen in Jena zum Doktor der Medizin promoviert worden war.

Am 22. März 1820 trug sich POGGENDORFF an der Berliner Universität ein. Zu diesem Zeitpunkt war diese neuartige Bildungseinrichtung erst zehn Jahre alt. Nach der Niederlage Preußens bei Jena und Auerstedt müsse der Staat, so FRIEDRICH WILHELM III., „durch geistige Kräfte ersetzen, was er an physischen verloren habe".[19] In diesem Sinne gingen Wilhelm VON HUMBOLDT, der seit 1809 die Sektion für den Kultus und den öffentlichen Unterricht im Innenministerium leitete, der Theologe Friedrich SCHLEIERMACHER und der Philosoph Johann Gottlieb FICHTE daran, ein Bildungskonzept für die zu gründende Universität auszuarbeiten, das sich durch die Einheit von Forschung und Lehre, die Lehrfreiheit, das Prinzip der Autonomie und die Führungsposition der Philosophischen Fakultät von den althergebrachten Hohen Schulen wohltuend unterschied. Im Wintersemester 1810 nahm die Berliner Universität ihren Lehrbetrieb auf. FICHTE wurde ihr erster Rektor. Als der junge POGGENDORFF sich immatrikulieren ließ, war die Zahl der Studenten bereits auf knapp tausend angestiegen. 1830 besaß Berlin nach München bereits die zweitgrößte Universität, am Ende des Jahrhunderts hatte sie alle deutschen Universitäten hinter sich gelassen.[20]

POGGENDORFF mietete gemeinsam mit seinem Freund RUNGE eine Wohnung, in der sie nicht nur wohnten und studierten, sondern auch eifrig experimentierten. HOFFMANN VON FALLERSLEBEN erinnerte sich in seiner Autobiographie[21]:

> „Beide führten eine echte Junggesellenwirthschaft. Die Stube war bei den allerlei chemischen Versuchen fürchterlich zuge-

---

[15] Hans Schröder: Lexicon der hamburgischen Schriftsteller bis zur Gegenwart. Bd. VI. Mauke Söhne, Hamburg 1873, S. 81.

[16] Brief von Johann Jacob Schreier (10.05.1762–14.08.1848) aus Hamburg vom 15. Mai 1818 an „Herrn Christian Poggendorff in Itzehoe". Abgedruckt in: Johann Christian Poggendorff. Leichenrede von Emil Frommel nebst eigenhändigen Lebensnachrichten, Reden und Briefen. F. Dümmler's Buchhandlung, Berlin 1877, S. 22/23.

[17] Anna Catharina Schreier: Ältere Schwester der Mutter Johann Christian Poggendorffs, geboren am 18.12.1756, Heirat des Zuckersieders Kröger († 1803), gestorben 14.05.1832 auf der Nettelborg bei Bergedorf. Die Ehe blieb kinderlos.

[18] Friedlieb Ferdinand Runge: Bedeutender Chemiker, geboren 08.02.1795 in Billwärder (gehört heute zu Hamburg) als Sohn eines Pastors († 1811), Apothekerlehre, Oktober 1816 Student in Berlin, 1819 Dr. med. in Jena, 1822 Dr. phil. in Berlin, 1828 Professor für Technologie in Breslau, ab 1832 Industriechemiker im Dienste Preußens in Berlin und Oranienburg, entdeckte das Atropin sowie (im Steinkohlenteer) das Anilin, Phenol („Carbol") und Pyrrol, 1834–1850 erschien seine „Farbenchemie" (3 Bände), 1846 der „Grundriß der Chemie" (2 Bände), 1854 Pensionär, in Oranienburg bei Berlin am 25.03.1867 ehelos verstorben.

[19] Lenz, Max: Geschichte der Königlichen Friedrich-Wilhelms-Universität zu Berlin. Halle 1910, Band 1, S. 78.

[20] Eulenberg, Frank: Die Frequenz der deutschen Universitäten von ihrer Gründung bis zur Gegenwart. Akademie Verlag, Berlin 1994 (Nachdruck der Ausgabe von 1904 bei B. G. Teubner, Leipzig), S. 184 u. 260.

[21] Hoffmann von Fallersleben: Mein Leben. Aufzeichnungen und Erinnerungen. Carl Rümpler Verlag, Hannover 1868, Band 1, S. 328/329.

Abb. 5: Der Physiker Paul Erman (1764–1851), erster Ordinarius für Physik an der neugegründeten Berliner Universität. Aus dem Archiv der Berlin-Brandenburgischen Akademie der Wissenschaften.

richtet: auf dem Fußboden, an den Wänden, an den Fensterscheiben zeigten sich Spuren von allerlei Farben und schmutzigen Überresten. Runge, seines Zeichens Apotheker, hatte Medicin studiert, war dann Chemiker geworden. ... Neben dem lebendigen, unruhigen Runge beschäftigte sich sein stiller, bedächtiger Landsmann Poggendorff, früher auch Apotheker, meist mit Physik."

Beide schlossen sich einem Kreis junger, gleichgesinnter Männer an, unter denen der spätere a. o. Professor für Mineralogie an der Berliner Universität, Friedrich HOFFMANN[22], tonangebend war. Oft fanden die Treffen bei HOFFMANN statt, der noch bei seinem Vater, einem Staatsrat, in einem Hinterhaus wohnte. HOFFMANN VON FALLERSLEBEN war in seiner Berliner Zeit, obgleich selbst kein Naturwissenschaftler, oft und gerne Teilnehmer in diesem Kreise gewesen. In der bereits erwähnten Autobiographie schrieb er:

„Obwohl ich mich unter lauter Naturforschern befand, zu denen sich auch noch Chamisso[23], der Botaniker von Schlechtendal und der sehr junge Astronom Jacob Wilh. Heinrich Lehmann gesellten, so war doch die Unterhaltung durchaus nicht einseitig. Sehr ergötzten wir uns, wenn Chamisso ... von seiner Reise um die Welt erzählte. Er wußte durch sein Hand- und Geberdenspiel und seine mitunter unbeholfene Sprache die unbedeutendste Geschichte interessant zu machen."

POGGENDORFFS vornehmliches Interesse galt jetzt weniger der Chemie als der aufstrebenden Physik. Der physikalische Lehrstuhl war zu der Zeit mit dem als Sohn eines Predigers der Hugenotten-Kolonie in Berlin geborenen Paul ERMAN[24] (Abb. 5) besetzt, von dem Emil DU BOIS-REYMOND sagte, daß er „ein ganzer Mensch, groß und edel gesinnt, von Gemüt kindlich teilnehmend und weich, hilfreich ohne Prunk und Eigennutz, der liebenswürdige Gesellschafter, voll gutmütigen Humors, unerschöpflich sprudelnd von köstlichen Einfällen und zu jedem Scherze bereit" gewesen sei, dessen Leben „ohne äußere Wechsel in gleichförmiger Arbeitsamkeit und häuslichem Glücke" dahingeflossen sei.[25] POGGENDORFF hörte nur wenige Vorlesungen, betrieb statt dessen ein intensives Selbststudium und experimentierte auch viel, soweit es sein Geldbeutel zuließ. Bereits im Herbst 1820 konnte er mit einer eigenen Arbeit über „Physisch-chemische Untersuchungen zur näheren Kenntnis des Magnetismus der voltaschen Säule" aufwarten, die bereits die Erfindung des später so wichtig gewordenen „Multiplikators" enthielt, eines Geräts zur Messung kleinster Gleichströme, das später im Jahre 1826 von ihm durch die Spiegelablesung nochmals verfeinert wurde. Diese Arbeit brachte ihm „höchstes Lob" von seiten Professor ERMANS ein und wurde 1821 in OKENS „*Isis*" abgedruckt.

Zunehmend größere Sorgen bereitete POGGENDORFF seine finanzielle Lage. Das kleine väterliche Erbe und seine geringen Ersparnisse waren so gut wie aufgebraucht, eine baldige Anstellung war nicht in Sicht. Es blieb kaum eine Hoffnung, aus dieser Misere herauszukommen. In dieser Situation erreichte ihn, den „hiesigen Privatgelehrten POGGENDORFF", wie es in der Anrede hieß, Ostern 1823 das Angebot der Königlichen Akademie der Wissenschaften, das durch den Tod Professor TRALLES freigewordene „Fach der meteorologischen Beobachtungen" gegen Bezug von 200 Talern zu übernehmen. Er griff dankbar zu, half es doch, die Finanznot etwas zu lindern, zumal er als „Observator" der Akademie auf dem Turm der „alten Sternwarte" in der Dorotheenstraße (Abb. 6) frei wohnen konnte. In demselben Gebäude hatte ein Jahr

[22] Friedrich Hoffmann: Geboren 1797, Professur in Halle, ab 1833 a. o. Professor für Mineralogie an der Berliner Universität, gestorben 1836.

[23] Adalbert von Chamisso (eigentlich: Louis Charles Adelaide de Chamisso de Boncourt), Schriftsteller und Naturforscher, geboren 30. 01. 1781 in Schloß Boncourt (Champagne), bis 1807 preußischer Offizier, 1812–1815 Studium der Botanik und Medizin, 1815–1818 Weltumseglung, Entdeckung des Generationswechsels der Salpen, Kustos am Botanischen Garten in Berlin, wo er am 21. 08. 1838 verstarb.

[24] Paul Erman: Geboren am 29. 02. 1764 in Berlin, 1781 Lehrer, 1791 Lehrer der Physik an der allgemeinen Kriegsschule, 1809 mit Gründung der Berliner Universität erster o. Professor für Physik und Meteorologie, 1806 Mitglied und von 1810 bis 1841 Sekretar der Preußischen Akademie der Wissenschaften zu Berlin, gestorben 11. 10. 1851 in Berlin.

[25] Gedächtnisrede auf Paul Erman von Emil du Bois-Reymond. Abhandlungen der Königlichen Preußischen Akademie der Wissenschaften zu Berlin 1853, S. 1–27.

Abb. 6: Die „alte Sternwarte" in Berlin in der Dorotheenstraße

zuvor Eilhard MITSCHERLICH[26] (Abb. 7) nach seiner Berufung als außerordentlicher Professor für Chemie eine Dienstwohnung erhalten, in der er nicht nur seine gut besuchten Vorlesungen abhielt, sondern sich auch ein Laboratorium nebst einer kleinen Werkstatt einrichtete. Zunächst arbeitete Heinrich ROSE[27] (Abb. 7), der sich 1822 an der Berliner Universität für Chemie habilitiert hatte, zusammen mit MITSCHERLICH in dem Labor, bis sich ROSE auf eigene Kosten selbst ein Laboratorium einrichtete, für das sein älterer Bruder Wilhelm[28], der die Schwanapotheke seines Vaters in Berlin übernommen hatte, die notwendigen Chemikalien kostenlos lieferte.[29] MITSCHERLICH und Heinrich ROSE kannten sich bereits von ihrem gemeinsamen Aufenthalt am Laboratorium von BERZELIUS (Abb. 7) in Stockholm. POGGENDORFF blieb bis Ostern 1835 – er war inzwischen verheiratet – dort wohnen. Als im gleichen Jahr der Astronom der Akademie, Johann Franz ENCKE, in die Neue Sternwarte umziehen konnte, stand MITSCHERLICH das ganze Haus für die Vermehrung seiner Sammlungen sowie seiner physikalischen Apparate zur Verfügung. Während sich zwischen POGGENDORFF und Heinrich ROSE, wie auch mit seinem Bruder, dem Mineralogen Gustav ROSE[30], eine enge Freundschaft entwickelte, die bis zum Tode hielt, distanzierte sich MITSCHERLICH später von POGGENDORFF, weil er dessen „erste Abhandlungen wegen Überhäufung mit anderem Material nicht sofort zum Abdruck" in den Annalen gebracht hatte.[31] Auch die Freundschaft MITSCHERLICHS mit dem etwa gleichaltrigen Heinrich ROSE zerbrach später vollkommen.[32]

[26] Eilhard Alfred Mitscherlich: Bedeutender Chemiker, geboren 07.01.1794 in Neuende (Ostfriesland) als Sohn eines Pastors, ab 1822 Professor für Chemie in Berlin, gestorben 28.08.1863 in Schöneberg bei Berlin.

[27] Heinrich Rose: Bedeutender Chemiker, geboren 06.08.1795 in Berlin, Schüler von Jöns Jacob Berzelius, 1823 Professur in Berlin, wo er am 27.01.1864 verstarb. 1851 erschien sein „Ausführliches Handbuch der Analytischen Chemie" (2 Bände). Sohn von dem Pharmazeuten Valentin R. jun. (1762–1807) und Bruder von Gustav R.

[28] Wilhelm Rose, der ältere Bruder von Heinrich und Gustav Rose, wurde am 14.01.1792 in Berlin geboren. Sein Vater starb, als er erst 15 Jahre alt war. Er übernahm am 1. Januar 1819 die Schwanapotheke seines Vaters in Berlin, die er bis zu seinem Tode 1867 führte. Seine Ehe mit Louise Tieftrunk, einer Professorentochter aus Halle, blieb kinderlos.

[29] Georg Edmund Damm: Deutsche Apothekerfamilien II. Die Familie Rose. Pharmazeutische Zeitung 71 (1926), S. 629–632.

[30] Gustav Rose: Bedeutender Mineraloge, geboren 18.03.1798 in Berlin, 1826 Professur in Berlin, wo er am 15.07.1873 verstarb. Sohn von Valentin und Bruder von Heinrich Rose. Er hatte 1829 zusammen mit Alexander von Humboldt eine Forschungsreise in den Ural und ins Altai-Gebirge unternommen.

[31] Prandtl, Wilhelm: Deutsche Chemiker in der ersten Hälfte des neunzehnten Jahrhunderts. Verlag Chemie GmbH, Weinheim 1956, S. 282.

[32] Prandtl, Wilhelm: Deutsche Chemiker in der ersten Hälfte des neunzehnten Jahrhunderts. Verlag Chemie GmbH, Weinheim 1956, S. 292.

Jöns Jakob von Berzelius
(1779–1848)

Heinrich Gustav Magnus
(1802–1870)

Eilhard Mitscherlich
(1794–1863)

Heinrich Rose
(1795–1864)

Abb. 7: Einige Persönlichkeiten aus dem Umfeld Poggendorffs: Die Chemiker Eilhard Mitscherlich (1794–1863) und Heinrich Rose (1795–1864) sowie der Physiker Heinrich Gustav Magnus (1802–1870) (alle Berlin) haben alle zeitweilig im Laboratorium von Jöns Jakob von Berzelius (1779–1848) in Stockholm gearbeitet.

V. Die Chance

Ein Jahr später, am 7. März 1824, eröffnete sich dem jungen POGGENDORFF durch den plötzlichen Tod des Leipziger Ordinarius für Physik Ludwig Wilhelm GILBERT[33] infolge „einer Magen- und Darmentzündung“[34] unerwartet eine neue Perspektive. In den Händen GILBERTS hatte die Herausgabe der „Annalen der Physik und Chemie“ seit 1799 – also 25 Jahre lang – gelegen. Er galt als ein berühmter Physiker, obwohl er – nach Einschätzung POGGENDORFFS – „eigentlich nie eine physikalische Arbeit von Belang veröffentlichte“.[35] Die Stelle des Herausgebers der „Annalen“ sollte dem festen Willen des Verlegers Johann Ambrosius BARTH entsprechend so schnell wie möglich und möglichst mit einem jungen Wissenschaftler wieder besetzt werden.

Der Chemiker Heinrich ROSE, der als Begründer der modernen Analytik gilt, war von dem Gedanken fasziniert, die Annalen nach Berlin zu holen, und versuchte in langen, beharrlichen Gesprächen, POGGENDORFF zu überreden, deren Redaktion zu übernehmen. POGGENDORFF selber hatte zunächst starke Bedenken, war er doch noch Student und hatte bis auf die bereits erwähnte Arbeit über den Elektromagnetismus keine weitere Veröffentlichung aufzuweisen, war also in der Fachwelt außerhalb Berlins noch so gut wie unbekannt. Das Versprechen ROSES schließlich, ihn mit allen Kräften zu unterstützen, und die Aussicht, auch mit der Unterstützung von BERZELIUS und seiner mächtigen Schule rechnen zu dürfen, gaben schließlich den Ausschlag, daß POGGENDORFF einwilligte.

Bereits am 16. März wandte sich POGGENDORFF an den Verleger und Buchhändler Johann Ambrosius BARTH in Leipzig[36] und trug ihm sein starkes Interesse an der Übernahme der Redaktion vor. Er konnte in seinem Brief darauf verweisen, daß *sämtliche* Physiker Berlins, nämlich SEEBECK und ERMAN, außerdem der Geologe und Paläontologe Christian Leopold VON BUCH[37] in Berlin ebenso wie die Professoren BERZELIUS, MITSCHERLICH und Heinrich ROSE sowie, zumindest was den chemischen Teil des Journals betrifft, auch die schwedischen Chemiker Johan August ARFVEDSON[38] und BONSDORFF das von ihm redigierte Journal durch Lieferung von Manuskripten nach allen Kräften zu unterstützen versprochen haben. Er teilte dem Verleger weiterhin mit, daß durch die Vermittlung Alexander VON HUMBOLDTS Gustav ROSE bereits erste Verbindungen in Paris angeknüpft habe, um vorzügliche Arbeiten aus dem Ausland „schneller als auf dem gewöhnlichen Wege“ zu erhalten. Gleiche Bestrebungen seien auch bereits in England in Gang gesetzt worden. Gleichzeitig bat er seinen Freund Friedrich HOFFMANN, damals noch Dozent in Halle, bei BARTH in der Angelegenheit vorzusprechen und sich für ihn zu verwenden, was dieser auch gerne tat. Natürlich gab es auch ernst zu nehmende Konkurrenten bei der Bewerbung um die vakante Stelle, darunter so angesehene Wissenschaftler wie Heinrich Wilhelm BRANDES[39] aus Breslau, Karl Wilhelm Gottlob KASTNER[40] aus Erlangen und Georg Wilhelm MUNCKE[41] aus Heidelberg. Den letzten Ausschlag für POGGENDORFF gab wahrscheinlich ein grober Brief des hochangesehenen Geologen Leopold VON BUCH an den Verleger BARTH, in dem er kurz und bündig erklärte, daß kein anderer als POGGENDORFF in Frage käme, die Redaktion der Zeitschrift zu übernehmen, „man könne und dürfe keinen anderen nehmen als ihn“.

POGGENDORFF und BARTH wurden sich schnell einig. Sie verständigten sich dahingehend, kein neues Journal zu gründen, wie es ursprünglich von POGGENDORFF ins Auge gefaßt worden war, sondern auf dem von GILBERT hinterlassenen Fundament weiterzubauen. Bezüglich des zukünftigen Inhalts der „Annalen“ entwickelte POGGENDORFF bereits sehr moderne, weil integrierende Vorstellungen. Er führte dazu aus:

---

[33] Ludwig Wilhelm Gilbert: Geboren 1769, o. Professor für Physik an der Universität Leipzig, Herausgeber der „Annalen der Physik und Chemie“ von 1799 bis zu seinem plötzlichen Tode am 07. 03. 1824 in Leipzig.

[34] Brief vom 18. 03. 1824 von J. A. Barth an J. C. Poggendorff, abgedruckt in: Johann Christian Poggendorff. Leichenrede von Emil Frommel nebst eigenhändigen Lebensnachrichten, Reden und Briefen. F. Dümmler's Buchhandlung, Berlin 1877, S. 27.

[35] Rede Poggendorffs zur Jubelfeier am 28. Februar 1874. Abgedruckt in: Johann Christian Poggendorff. Leichenrede von Emil Frommel nebst eigenhändigen Lebensnachrichten, Reden und Briefen. F. Dümmler's Buchhandlung, Berlin 1877, S. 68–72.

[36] Brief J. C. Poggendorffs vom 16. März 1824 an den Verleger J. A. Barth in Leipzig, abgedruckt in: Johann Christian Poggendorff. Leichenrede von Emil Frommel nebst eigenhändigen Lebensnachrichten, Reden und Briefen. F. Dümmler's Buchhandlung, Berlin 1877, S. 25/26.

[37] Christian Leopold von Buch, Freiherr von Gellmersdorf und Schöneberg: Privatgelehrter in Berlin, bedeutender Geologe und Paläontologe, geboren 26. 04. 1774 auf Schloß Stolpe bei Angermünde, Studium bei Abraham Gottlob Werner an der Bergakademie Freiberg, gestorben 04. 03. 1853 in Berlin. 1848 erster Vorsitzender der neu gegründeten Deutschen Geologischen Gesellschaft.

[38] Johan August Arfvedson: Schwedischer Chemiker, geboren 12. 01. 1792 in Skagerholms-Bruk, studierte Bergwissenschaften, arbeitete im Labor von Berzelius, wo er das Lithium entdeckte, gestorben 28. 10. 1841 in Hedensö.

[39] Heinrich Wilhelm Brandes: Bedeutender Physiker, Metereologe und Astronom. Geboren 17. 07. 1777 in Groden (gehört heute zu Cuxhaven), 1811 Professor für Physik in Breslau, ab 1826 in Leipzig, wies den kosmischen Ursprung der Meteore nach, gestorben 17. 05. 1834 in Leipzig.

[40] Karl Wilhelm Gottlob Kastner: Bedeutender Chemiker und Physiker, Hauptvertreter der „romantischen Schule“ in der Chemie. Geboren 31. 10. 1783 in Greifenberg/Pommern, Studium der Chemie in Jena, Professor für Chemie in Heidelberg (1805–1812), Halle (1812–1818) und Bonn (1818–1821), ab 1821 bis zu seinem Tode am 13. 07. 1857 Professor für Chemie und Physik in Erlangen.

[41] Georg Willhelm Muncke: Bedeutender Physiker. Geboren 28. 11. 1772 zu Hillingsfeld bei Hameln, ab 1810 Professor der Physik in Marburg, ab 1817 in Heidelberg, 17. 10. 1847 auf dem Gute Großmehlen/Sachsen verstorben.

„Ich will hier nur bemerken, daß obgleich Physik und Chemie in ihrem ganzen wissenschaftlichen Umfang, nebst der dahin gehörigen, nie genug zu berücksichtigenden Mathematik, den Hauptgegenstand des Inhaltes bilden müssen, dennoch die Berührung dieser mit der Metereologie, Geographie, Geognosie, Mineralogie und Astronomie nicht ausgeschlossen werden dürfen, ja selbst daß ihre nächste Anwendung auf Künste und Gewerbe aufgenommen werden muß, da alles dieses zu einem Ganzen gehört, dessen Gränzen sich nicht genau abstecken lassen."[42]

Auch wollte er nicht, daß die Zeitschrift

„bloß dem schon ausgebildeten Manne ein Archiv seiner Wissenschaft sey, sondern auch dem Dilettanten und dem Angehenden durch sie eine Theilnahme für die Gegenstände erregt werden muß, damit was jetzt mehr wie sonst nothwendig ist, die Wissenschaft lebendig im Publikum fortgezeugt werde".

Im Mai 1824 erschien bereits das erste Heft des 77. Bandes, des ersten Bandes der nunmehr „Poggendorff'schen Annalen", mit Aufsätzen von BERZELIUS, ARFVEDSON und Heinrich ROSE. Letzterer hielt dem Journal seine uneingeschränkte Zuneigung und ließ alle seine Arbeiten in den „Annalen" erscheinen. Auch von den zahlreichen Arbeiten seines Bruders Gustav ROSE sind die meisten in diesem Journal veröffentlicht worden.[43]

Von Mai 1824 bis zu seinem Tode am 24. Januar 1877, also insgesamt knapp 53 Jahre, gab er mit Geschick und Sachkenntnis die „Annalen" heraus. Mit berechtigtem Stolz verwies POGGENDORFF anläßlich der Jubelfeier im Jahre 1874 darauf, daß bereits

„nach einer kurzen Reihe von Jahren alle Nebenbuhler einer nach dem anderen verstummten: so das Schweigger'sche Journal, das Kastner'sche Archiv und die Wiener Zeitschrift, wodurch denn die Annalen das einzige Organ der Physik in Deutschland wurden" und „bis auf den heutigen Tag geblieben sind".[44]

Die damals befürchtete „Zersplitterung der litterarischen Hülfsmittel für die Physik in Deutschland" konnte „glücklich abgewendet werden."[45] Der Plan MITSCHERLICHS, mit BERZELIUS zusammen ein chemisch-physikalisches Journal auf eigene Kosten herauszugeben, kam erst gar nicht zustande, weil BERZELIUS nicht darauf einging. An WÖHLER schrieb er am 9. Mai 1825 dazu:

„Ein Mann der Wissenschaft hat anderes zu tun, als dafür zu sorgen, wie man zwei gedruckte Bogen wöchentlich füllen soll, was zuweilen bitter genug werden kann. ... Ich weiß, daß Mitscherlich viel leisten kann, aber ich weiß auch, daß die Pünktlichkeit, die ein Journal-Redakteur haben muß, bei ihm eine absolute Natur-Unmöglichkeit ist."[46]

War POGGENDORFF zu Beginn seiner Herausgeberschaft noch der Meinung gewesen, daß „einer Tennung beider [der Physik und Chemie] für den gegenwärtigen Zustand derselben durchaus unmöglich" sei, so gebot die rasche Entwicklung der Physik eine Konzentration der „Annalen" auf die engere Physik. Die Belange der Chemie – insbesondere die der sich ebenfalls sehr schnell entwickelnden organischen Chemie – wurden in zunehmendem Maße durch die unter Mitarbeit von Justus VON LIEBIG im Jahre 1832 gegründete Fachzeitschrift „Annalen der Pharmacie" abgedeckt, die später in „Annalen der Chemie und Pharmacie" umbenannt wurde. Ungeachtet dieser Änderung im Profil der Zeitschrift blieb POGGENDORFF seinem Grundsatz treu, seine Zeitschrift in erster Linie experimentellen Untersuchungen zu öffnen, Arbeiten vordergründig spekulativen Inhalts aber eine Absage zu erteilen.

VI. Die Unabhängigkeit

POGGENDORFF hat seine Studien an der Universität niemals mit einem Examen abgeschlossen. Er strebte zeitlebens auch keine Berufung oder höheren Ämter an, sondern setzte seine persönliche Unabhängigkeit über alles. Er liebte es, nach seiner Façon zu leben und zu arbeiten, ohne daß ihm jemand sagt, was er zu tun und was er zu lassen habe. Das ihm durch Vermittlung LIEBIGS im November 1837 angebotene Ordinariat für Physik an der Universität Gießen schlug er ebenso aus wie die ehrenvolle und lukrative Berufung als Ordentlicher Professor für Physik nach Leipzig im Jahre 1849, die ihm allerdings „mittels der allerhöchsten Ordre" vom 27. Dezember 1848 durch „Seine Majestät den König" eine Gehaltserhöhung von 200 Reichstalern jährlich einbrachte.[47] Er sah in der Herausgabe der „Annalen" nunmehr seine Aufgabe, der er sich mit seiner ganzen Kraft widmete, und das – wie wir heute rückblickend dankbar anerkennen können – mit großem Erfolg für den Fortschritt der physikalischen Wissenschaft.

Diese Herausgebertätigkeit verschaffte POGGENDORFF – er war inzwischen 34 Jahre alt – eine gewisse Sicherheit, so daß er daran denken konnte, zu heiraten und eine Fa-

---

42 Brief von J. C. Poggendorff an den Verleger Barth in Leipzig vom 03.04.1824. Abgedruckt in: Johann Christian Poggendorff. Leichenrede von Emil Frommel nebst eigenhändigen Lebensnachrichten, Reden und Briefen. F. Dümmler's Buchhandlung, Berlin 1877, S. 31–35.

43 Rammelsberg, C: Nachruf auf Gustav Rose. Berichte der Deutschen Chemischen Gesellschaft zu Berlin. Jg. 6 (1873), S. 1577.

44 Meine Rede zur Jubelfeier am 28. Februar 1874. Abgedruckt in: Johann Christian Poggendorff. Leichenrede von Emil Frommel nebst eigenhändigen Lebensnachrichten, Reden und Briefen. F. Dümmler's Buchhandlung, Berlin 1877, S. 68–72.

45 Wilhelm Barentin in: „Annalen der Physik und Chemie" Band 160 (1877), S. VIII.

46 Prandtl, Wilhelm: Deutsche Chemiker in der ersten Hälfte des neunzehnten Jahrhunderts. Verlag Chemie GmbH, Weinheim/Bergstraße 1956, S. 282.

47 Brief des Ministers von Ladenberg an die Königliche Akademie der Wissenschaften zu Berlin vom 8. Januar 1849. Archiv der Berlin-Brandenburgischen Akademie (Personalia, Mitglieder 1842–49, Signatur II–III, 22).

milie zu gründen. Oft und gern war er Gast im Hause seines Freundes, des Chemikers Heinrich ROSE, der als außerordentlich liebenswürdig und moralisch einwandfrei beschrieben wird.[48] WÖHLER berichtete anläßlich eines Besuches in Berlin an BERZELIUS: „Durch ihn [Heinrich ROSE] und seine Frauensleute wird mir der hiesige Aufenthalt unendlich vielmal lieber.“ BERZELIUS selbst, obwohl von MITSCHERLICH eingeladen, zog es im Sommer 1845 ebenfalls vor, bei Heinrich ROSE zu wohnen, „der ihn ganz wie ein Vormund pflegte.“[49] In dieser harmonischen und freundlichen Atmosphäre mag POGGENDORFF auch seine spätere Frau Charlotte Eleonore KNESER kennengelernt haben. Sie war die Cousine der Frau Heinrich ROSES und die Tochter eines in Wismar ansässigen und hochangesehenen Kaufmannes Christoph Martin KNESER (Abb. 8), der eine Holz- und Baumaterialienhandlung in der Lübschen Straße 68 betrieb. Für diejenigen, die sich für Wissenschaftsgeschichte interessieren, sei an dieser Stelle angemerkt, daß eine Schwester von Charlotte Eleonore KNESER, die Luise, mit dem Gymnasiallehrer Caesar FREGE in Wismar verheiratet war. Es war der Onkel des bekannten Mathematikers und Logikers Gottlob FREGE[50]. Die Hochzeit POGGENDORFFS fand am 15. August 1831 in Wismar statt. Im Oktober des folgenden Jahres wurde der Sohn Paul und dreieinhalb Jahre später Gustav geboren. Am 12. August 1838 folgte dann noch die langersehnte Tochter Marie, die später den Bibliothekar und Philologen Valentin ROSE, Sohn des Mineralogen Gustav ROSE und Neffe des Chemikers Heinrich ROSE, heiratete.

Das Familienleben der POGGENDORFFS verlief sehr harmonisch. Oft und gerne wurden Gäste empfangen. Seine Frau verstand es mit Geschick und Einfühlungsvermögen, die erforderliche harmonische und heiter-ungezwungene Atmosphäre zu schaffen, die die Treffen für alle Teilnehmer aus nah und fern gleichermaßen belehrend wie anregend und unvergeßlich gestaltete. Alles, was sich auf dem Gebiet der „exakten“ Wissenschaften tat, wurde hier in freundschaftlicher Form eingehend erörtert. In der Familie und in solcher geselligen Runde fand POGGENDORFF nicht nur Freude, sondern auch neue Kraft für seine vielseitige Forschungs- und Redaktionsarbeit. Um so schmerzlicher muß es für ihn gewesen sein, als am 5. Januar 1865 seine Frau völlig unerwartet einer Lungenentzündung erlag. Nur langsam und mit Hilfe seiner Kinder und seines Freundeskreises gelang es ihm, den Schmerz zu überwinden.

Im Jahre 1832 faßten Justus VON LIEBIG (Abb. 9) und POGGENDORFF gemeinsam den Plan, ein *Wörterbuch der Chemie* herauszugeben. Der mit LIEBIG befreundete Verleger und Buchhändler Eduard VIEWEG in Braunschweig sagte nach anfänglichem Zögern schließlich auch zu, und schon 1834 war Druckbeginn. Hervorragende Gelehrte des In- und Auslandes, wie z. B. Joseph Louis GAY-LUSSAC[51] in Paris, Thomas GRAHAM[52] in Glasgow, Heinrich Gustav MAGNUS[53] in Berlin und Friedrich WÖHLER[54] in Göttingen, konnten als Mitarbeiter gewonnen werden. Die im September 1836 erschienenen ersten beiden Hefte des Werkes, zu denen POGGENDORFF eine „Vorrede“ verfaßt hatte, die das uneingeschränkte Lob LIEBIGS erhielt, hatten einen „beinahe unglaublichen Erfolg“[55]. Es mußten in kurzer Zeit 1000 Exemplare nachgedruckt werden. Danach ging es allerdings nicht recht weiter. Zu verschieden waren die ausgeprägten Charaktere, zu stark das Bestreben nach Unabhängigkeit bei den beiden Herausgebern, die inzwischen Duzfreunde geworden waren. Gegenseitige Vorwürfe über mangelnden Eifer gingen hin und her, bis POGGENDORFF im März 1841 seinen Rücktritt bekanntgab. Der erste Band mit fünf Lieferungen war noch fertig geworden, die restlichen geplanten drei bis vier Bände erschienen nicht mehr.

Eine wichtige Nachwirkung hatte dieses „verdammte Buch“, wie sich LIEBIG einmal ausdrückte, aber dennoch: POGGENDORFF hatte – sehr zum Leidwesen der Physiker, die um die weitere Entwicklung ihrer „Annalen“ bangten – Feuer gefangen und begann, seiner natürlichen Neigung zur Geschichte der Physik und Chemie und zur redaktionellen Arbeit folgend, ein „biographisch-litterarisches Wörterbuch“ beim Johann Ambrosius Barth Verlag in Leipzig zu konzipieren, das – wie wir bereits gehört

---

[48] In einem Brief von Berzelius aus dem Jahre 1840 (zitiert in: Wilhelm Prandtl: Deutsche Chemiker in der ersten Hälfte des neunzehnten Jahrhunderts. Verlag Chemie GmbH, Weinheim/Bergstraße 1956, S. 291).

[49] Prandtl, Wilhelm: Deutsche Chemiker in der ersten Hälfte des neunzehnten Jahrhunderts. Verlag Chemie GmbH, Weinheim/ Bergstraße 1956, S. 291.

[50] Friedrich Ludwig Gottlob Frege, geboren 1848 in Wismar, ab 1879 Professor in Jena, Begründer der modernen mathematischen Logik, gestorben 1925 in Bad Kleinen (Mecklenburg).

[51] Joseph Louis Gay-Lussac wurde 1778 in Saint-Léonard-de-Noblat geboren. Seit 1806 war er Mitglied der Académie des sciences in Paris, ab 1808 bis 1832 Professor für Physik an der Sorbonne. Er starb 1850 in Paris.

[52] Thomas Graham, geboren 1805 in Glasgow, wo er ab 1830 als Professor wirkte; 1935 Mitglied der Royal Society und ab 1837 Professor in London, wo er 1869 auch verstarb.

[53] Gustav Heinrich Magnus, geboren 1802 in Berlin, ab 1834 Professor für Chemische Technologie, ab 1845 für Physik und Technologie in Berlin als Nachfolger Ermans, wo er 1870 auch verstarb. Er hatte viele berühmte Schüler, wie du Bois-Reymond, Clausius, Helmholtz, Kirchhoff, Kundt, Quincke, von Siemens, Tyndall u. a.

[54] Friedrich Wöhler, geboren 1800 in Eschersheim (heute zu Frankfurt a. M.), ab 1836 Professor für Chemie und Pharmazie in Göttingen, enge Zusammenarbeit mit Justus von Liebig, mit dem er zusammen die moderne Chemie begründete, gestorben 1882 in Göttingen.

[55] Brief Liebigs an Poggendorff vom 12. Januar 1837.

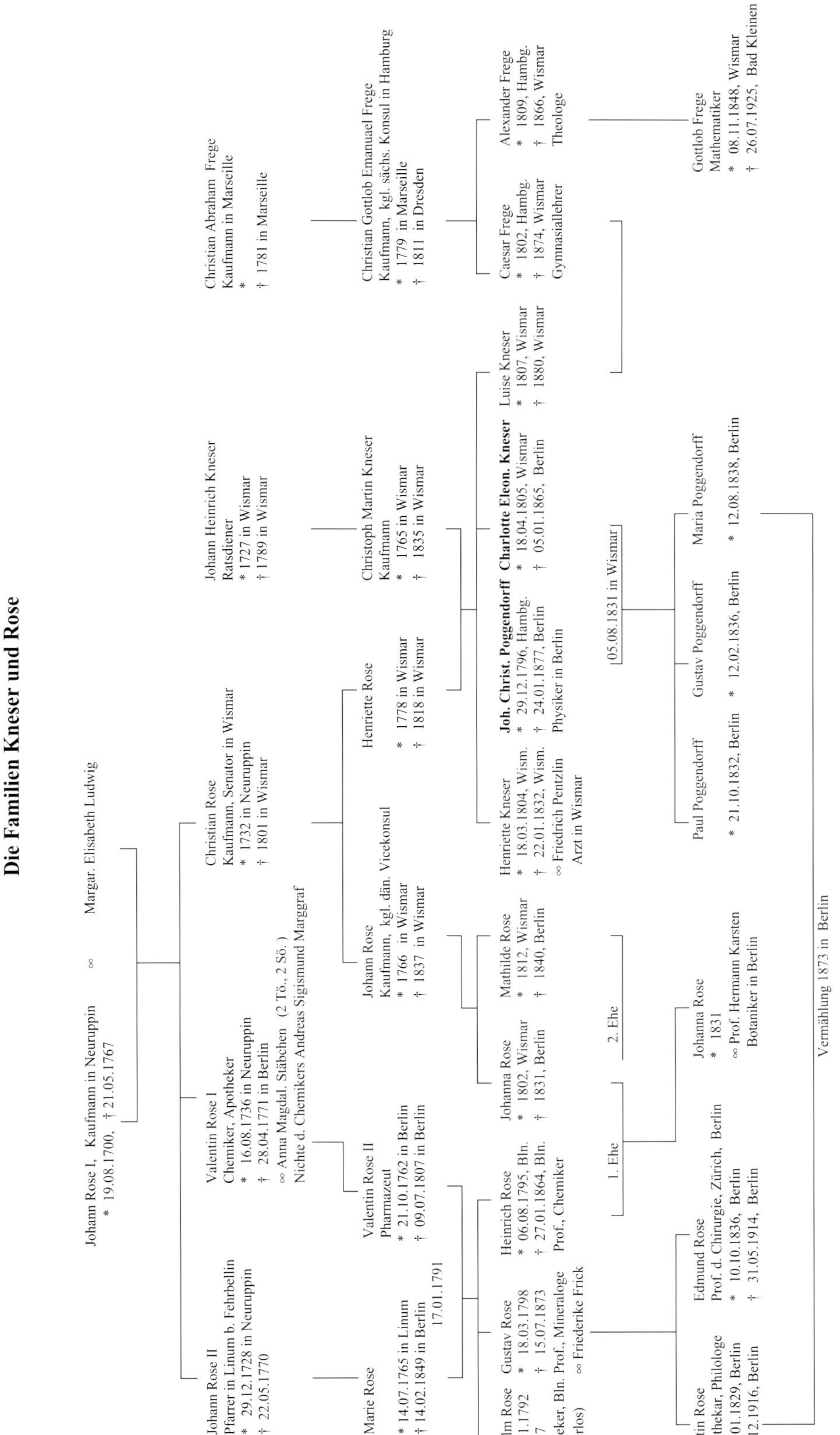

Abb. 8: Die Familien Kneser und Rose

Abb. 9: Justus von Liebig (1803–1873). Ölgemälde von W. Trautschold, 1842 (Dr. Karl Merck, Darmstadt)

haben – nach 15jähriger Arbeit im Jahre 1863 auch herauskam.

Ehrende Anerkennung seiner Arbeit im Dienste des wissenschaftlichen Fortschritts hat POGGENDORFF, dem die Philosophische Fakultät am 1. Mai 1834 das Doktordiplom *„ob insignia de scientia physica merita"* verliehen hat, in vielfacher Hinsicht erfahren. Ab 28. Juni 1834 wurde er zum außerordentlichen Professor an der Berliner Universität bestellt, zunächst ohne Besoldung, ab 1841 gegen „Remuneration" von 200 Talern.[56] Die erste Vorlesung, die er im Wintersemester 1834/35 ankündigte, betraf die „Allgemeine Geschichte der neueren Physik und Chemie", die er in ähnlicher Form in den Folgejahren regelmäßig wiederholte. Ab dem Wintersemester 1836/37 las er außerdem in der Nachfolge des früh verstorbenen Mineralogieprofessors und Freundes Friedrich HOFFMANN eine „Physikalische Geographie". Die Vorlesungstätigkeit gab POGGENDORFF erst im Sommer 1875 mit 78 Jahren „wegen zunehmender Unsicherheit im Gehen"[57] auf.

Am 20. Dezember 1838 wählte das Plenum der Königlichen Akademie der Wissenschaften zu Berlin POGGENDORFF aufgrund eines von Heinrich ROSE eingebrachten Vorschlages[58] zu ihrem Ordentlichen Mitglied in der physikalisch-mathematischen Klasse. Am 4. Februar 1839 folgte die Bestätigung durch FRIEDRICH WILHELM III.[59] In seiner Antrittsrede im Rahmen der öffentlichen Sitzung am 4. Juli 1839 gab POGGENDORFF in seiner bescheidenen Art zu bedenken, ob er der damit verbundenen hohen Verpflichtung auch genügen, den in ihn gesetzten Erwartungen werde entsprechen können. Er bat die Anwesenden um Rücksicht, „wenn er durch schriftstellerische Verpflichtungen und andere Verhältnisse in seinen Bestrebungen gelähmt sei"[60]. In der gleichen Sitzung wurde ihm die Ehre zuteil, die Gedächtnisrede auf den 1831 verstorbenen, ebenso bescheidenen wie erfolgreichen Privatgelehrten Thomas Johann SEEBECK[61] zu verlesen. Sechsunddreißig lange Jahre nahm POGGENDORFF regelmäßig und aktiv am akademischen Leben teil. Am 8. August 1874 erklärte er sich in einem Schreiben[62] an die Akademie der Wissenschaften in Berlin für „veteran" und bat um Verständnis dafür, daß er zukünftig an den Akademiesitzungen nicht mehr werde teilnehmen können, da er durch die Abnahme seines Gehörs außerstande sei, den Vorträgen zu folgen und an den Verhandlungen teilzunehmen, was ihm sicher nicht leichtgefallen ist.

VII. Das Vermächtnis

Im Jahre 1874 konnte POGGENDORFF auf eine 50jährige, außerordentlich erfolgreiche Herausgeberschaft der „Annalen" zurückblicken. Er war zu einer „Institution" in Deutschland und darüber hinaus in Europa geworden. Es gab wohl keinen Großen in der physikalischen und chemischen Wissenschaft seiner Zeit, darunter Alexander VON HUMBOLDT ebenso wie Jöns Jacob VON BERZELIUS, Justus VON LIEBIG und Hermann VON HELMHOLTZ, mit dem er nicht in persönlichem oder brieflichem Kontakt gestanden hätte. Sein Urteil hatte Gewicht, wenn es auch nicht immer – wie sollte es auch anders sein – auf der Höhe der Zeit war. Es war aber immer von hoher Verantwortung

[56] „Universität 1834" in: Johann Christian Poggendorff. Leichenrede von Emil Frommel nebst eigenhändigen Lebensnachrichten, Reden und Briefen. F. Dümmler's Buchhandlung, Berlin 1877, S. 36.

[57] „Universität 1834" in: Johann Christian Poggendorff. Leichenrede von Emil Frommel nebst eigenhändigen Lebensnachrichten, Reden und Briefen. F. Dümmler's Buchhandlung, Berlin 1877, S. 37.

[58] Wahlvorschlag von Heinrich Rose: Archiv der Berlin-Brandenburgischen Akademie zu Berlin (Personalia, Mitglieder OM 1835–1841, Signatur II–III, 21).

[59] Abhandlungen der Königlichen Akademie der Wissenschaften zu Berlin. Aus dem Jahre 1839. Druckerei der Königl. Akad. Wiss., Berlin 1841, S. XII.

[60] „Akademie 1839" in: Johann Christian Poggendorff. Leichenrede von Emil Frommel nebst eigenhändigen Lebensnachrichten, Reden und Briefen. F. Dümmler's Buchhandlung, Berlin 1877, S. 54.

[61] Thomas Johann Seebeck, geboren 1770 in Reval, Medizinstudium, Privatgelehrter in Jena (befreundet mit Goethe) und Bayreuth, ab 1818 in Berlin, wo er 1831 verstarb.

[62] Brief Poggendorffs vom 8. August 1874 an die Köngliche Akademie. Archiv der Berlin-Brandenburgischen Akademie der Wissenschaften (Personalia, Mitglieder OM 1874–1880, Signatur II–III, 26).

gegenüber der Aufgabe bestimmt, die er mit der Übernahme der Herausgeberschaft der „Annalen“ übernommen hatte. Richtschnur seines Handelns und Entscheidens blieb, wie er es in seiner Gedächtnisrede auf den Physiker Thomas Johann SEEBECK einmal formulierte, niemals „den Weg der Erfahrung, diesen sicheren Führer durch das Gebiet der Naturforschung, zu verlassen“.[63]

POGGENDORFF hatte, als er nach Berlin kam, noch den unheilvollen Einfluß der als Reaktion auf den überspitzten französischen Materialismus der Enzyklopädisten DIDEROT, LA METTRIE u. a. um die Wende zum 19. Jahrhundert in Deutschland entstandenen romantischen Naturphilosophie Schellingscher Prägung erlebt. Friedrich SCHELLING, seit dem Tode seiner Frau Caroline SCHLEGEL (1810) bereits nahezu verstummt, wurde 1840 nach dem Tode HEGELS (1832) von FRIEDRICH WILHELM IV. mit Höchstangeboten – durch Verleihung des Titels eines Rates 1. Klasse und durch Zusage, seine Gehaltssumme selber festlegen zu können – von München nach Berlin berufen mit dem Ziel, den Einfluß der Hegelschen Philosophie, die „Drachensaat des Hegelschen Pantheismus“ zurückzudrängen. Sein Stern war aber damals bereits untergegangen. Die „mit polaren Gegensätzen spielende falsche Philosophie“ SCHELLINGS, wie der Physiologe DU BOIS-REYMOND sich einmal ausdrückte, bedeutete Vernachlässigung der Einzelfallanalyse, der kritischen empirischen Forschung zugunsten spekulativer Allgemeinaussagen, deduktiver „Analogieschlüsse“. Dieser für die Wissenschaft äußerst schädliche Irrweg Deutschlands hätte wahrscheinlich noch mehr Unheil angerichtet, wenn nicht so beherzte Männer wie Alexander VON HUMBOLDT, Jöns Jacob VON BERZELIUS, Gustav Theodor FECHNER[64], Matthias Jacob SCHLEIDEN[65], Rudolph Hermann LOTZE[66] und andere energisch dagegen vorgegangen wären. Noch im Jahre 1840 sah sich Justus VON LIEBIG genötigt, diese unheilvolle Geistesrichtung, die er als „die Pestilenz, den schwarzen Tod des 19. Jahrhunderts“ bezeichnete, öffentlich anzuprangern.

POGGENDORFF war und blieb ein kompromißloser Verfechter der experimentell-messenden Richtung in der Physik. Gegenüber der um sich greifenden Mathematisierung der Physik, wie sie insbesondere von französischen Physikern wie Siméon Denis POISSON u. a. betrieben wurde, konnte er – wie auch der Nachfolger EKMANS auf dem Lehrstuhl für Physik in Berlin, Heinrich Gustav MAGNUS (Abb. 7) – eine gewisse Skepsis nicht verbergen. Für beide Wissenschaftler ebenso wie für den Chemiker Heinrich ROSE[67] und viele andere Zeitgenossen POGGENDORFFS galt allein das sauber durchgeführte Experiment als untrüglicher Prüfstein für wahr oder nicht wahr, Akzeptanz oder Ablehnung einer Hypothese.

Als Hermann VON HELMHOLTZ[68] am Freitag, dem 23. Juli 1847, seinen Vortrag „Über das Prinzip der Erhaltung der Kraft“ vor der zwei Jahre zuvor von sechs jungen, etwa gleichaltrigen Wissenschaftlern, den Physikern Wilhelm VON BEETZ[69], Gustav KARSTEN[70] und Hermann KNOBLAUCH[71], dem Chemiker Wilhelm HEINTZ[72] und den Physiologen Emil DU BOIS-REYMOND[73] und Ernst

---

[63] Gedächtnisrede auf Thomas Johann Seebeck. In: Abhandlungen der Königlichen Akademie der Wissenschaften zu Berlin. Aus dem Jahre 1839. Druckerei der Königl. Akad. Wiss., Berlin 1841, S. XIX–XXXVIII.

[64] Gustav Theodor Fechner, 1801 in Groß Särchen bei Hoyerswerda geboren, 1834–1839 Professor für Physik, ab 1843 Professor für Naturphilosophie und Anthropologie in Leipzig, wo er 1887 verstarb.

[65] Matthias Jacob Schleiden, 1804 in Hamburg geboren, studierte zunächst Jura (Prom. 1826), später Naturwissenschaften mit dem Schwerpunkt Botanik (Prom. 1839, Jena), ab 1840 bis 1863 Professor in Jena, 1863/64 in Dorpat (Tartu), ab 1864 Privatgelehrter in Dresden, Darmstadt, Wiesbaden und Frankfurt a. M., wo er 1881 verstarb.

[66] Hermann Rudolph Lotze, geboren 1817 in Bautzen, Studium der Philosophie und Medizin in Leipzig, 1843 Professor für Philosophie in Leipzig, 1844 in Göttingen und ab 1880 in Berlin, wo er bereits ein Jahr später (1881) verstarb.

[67] In seiner Gedächtnisrede auf Heinrich Rose (Abhandlungen der Königlichen Preußischen Akademie der Wissenschaften zu Berlin 1865, S. 1–31) sagte C. Rammelsberg: „H. Rose, der unermüdlich thätige Forscher, war der Speculation an und für sich durchaus nicht zugethan, und zeigte in theoretischen Fragen der Wissenschaft eine conservative Gesinnung, wie Alle wissen, die sich jahrelangen Umganges mit ihm erfreuten und Anlass nahmen, solche Dinge mit ihm zu discutiren.“

[68] Hermann Ludwig Ferdinand von Helmholtz, geboren 1821 in Potsdam, Medizinstudium, ab 1848 Professor für Physiologie in Königsberg, später Bonn und Heidelberg, ab 1870 Professor für Physik in Berlin, gestorben 1894 in Berlin.

[69] Wilhelm von Beetz, geboren 27.03.1822 in Berlin, Studium der Chemie und Physik, Assistent bei Magnus, 1855 Professor für Physik am Cadettenhaus in Berlin, 1956 in Bern, 1858 in Erlangen und 1868 schließlich an der Polytechnischen Schule in München, wo er am 22.01.1886 auch verstarb.

[70] Gustav Karsten, geboren 24.11.1820 in Berlin als Sohn des Mineralogen und Oberbergrats Karl Johann Bernhard Karsten (der Botaniker Hermann Karsten war sein Cousin), Studium in Berlin und Bonn. Promotion 1843 in Berlin, 1845 Habilitation und erster Vorsitzender der Physikalischen Gesellschaft zu Berlin, ab 1847 a. o. Professor für Physik und Mineralogie in Kiel, 1859 Direktor des Eichungswesens für die Elbherzogtümer, 1869 Mitglied der Normaleichungskommission des Norddeutschen Bundes, gestorben 15.03.1900 in Kiel.

[71] Karl Hermann Knoblauch, geboren 11.04.1820 in Berlin, Studium der Physik in Berlin bei Magnus, 1848 Habilitation und 1849 Übersiedlung nach Bonn, 1852 o. Professor für Physik in Marburg, 1853 als Nachfolger Schweiggers auf das Physikordinariat in Halle, wo er bis zu seinem Tode am 30.06.1895 (Baden-Baden) verblieb.

[72] Wilhelm Heintz, geboren 1817, ging 1850 nach Halle, wo er 1855 ein Ordinariat für Chemie erhielt, gestorben 1880.

[73] Emil Heinrich du Bois-Reymond, bedeutender Physiologe, geboren 1818 in Berlin, Medizinstudium, Assistent bei Johannes Müller in Berlin, ab 1858 o. Professor für Physiologie in Berlin, ab 1867 ständiger Sekretär der Physikal.-Mathem. Klasse der Preußischen Akademie der Wissenschaften zu Berlin, gestorben 1892.

VON BRÜCKE[74] in Berlin gegründeten[75] Physikalischen Gesellschaft hielt, gehörte POGGENDORFF zu seinen Kritikern. Eine Veröffentlichung in den „Annalen“ lehnte er nach halbherziger Befürwortung durch MAGNUS mit den Worten ab:

> „Sollte der Verfasser später Musse haben, diesen oder jenen Theil seiner anregenden Speculationen durch Versuche zu bewähren oder auch nur zu prüfen, so stehen ihm mit großem Vergnügen die Annalen zur Veröffentlichung der Resultate zu Gebote.“[76]

Diese Entscheidung führte aber keineswegs zum Bruch der Beziehungen zwischen den beiden Wissenschaftlern, die auch weiterhin uneingeschränkt freundschaftlich in gegenseitiger Hochachtung miteinander verkehrten (Abb. 10). Auf Anraten des Berliner Physiologen Emil DU BOIS-REYMOND schickte HELMHOLTZ sein unverändertes Manuskript am 8. August an den Verleger Georg REIMER,[77] der zu der Zeit gerade DU BOIS-REYMONDS zweibändige Monographie „Untersuchungen über thierische Electricität“ und Ernst Wilhelm BRÜCKES „Anatomische Beschrei-

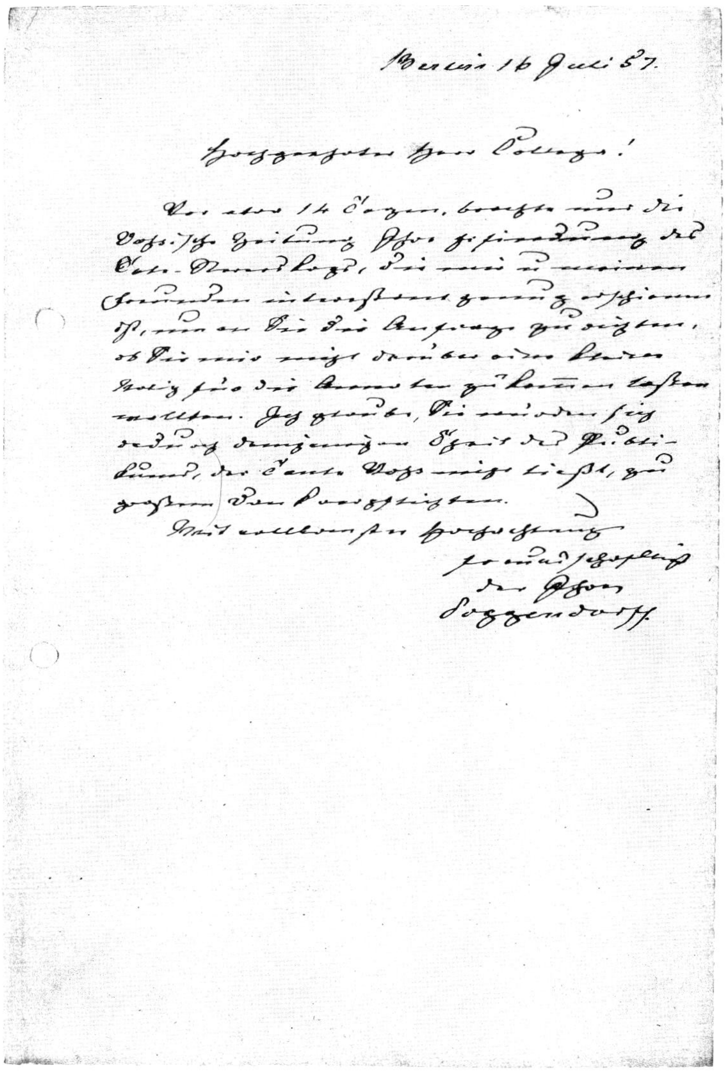

Abb. 10: Die Handschrift Poggendorffs. Brief an Helmholtz vom 16. Juli 1857. Aus dem Archiv der Berlin-Brandenburgischen Akademie der Wissenschaften (Nachlaß H. v. Helmholtz, Nr. 355).

Hochgeehrter Herr College!
Vor etwa 14 Tagen brachte mir die Vossische Zeitung Ihre Erfindung des Tele-Stereoskops, die mir u meinen Freunden interessant genug erschienen ist, um an Sie die Anfrage zu richten, ob Sie mir nicht darüber eine kleine Notiz für die Annalen zukommen lassen wollten. Ich glaube, Sie würden sich dadurch demjenigen Theil des Publikums, der Tante Voss nicht liest, zu großem Dank verpflichten. – Mit vollkomster Hochachtung – freundschaftlich der Ihre – Poggendorff [Die Notiz ist in den *Annalen* 1857, Bd. 177, S. 494–496 erschienen.]

[74] Ernst von Brücke, bedeutender Physiologe, geboren 1819 in Berlin, Studium der Medizin in Berlin, 1843 Assistent bei Johannes Müller, ab 1849 o. Professor für Physiologie in Wien, wo er 1892 verstarb.

[75] Horst Kant: Ein „mächtig anregender Kreis“ – die Anfänge der Physikalischen Gesellschaft zu Berlin. MPI für Wissenschaftsgeschichte. Reprint 202 (2002).

[76] Leo Koenigsberger: Hermann von Helmholtz, Bd. I, Braunschweig 1902, S. 70/71.

[77] Brief von Emil du Bois-Reymond vom 4. August 1847 an Hermann von Helmholtz. Abgedruckt in: C. Kirsten u. a. (Hrsg.) Dokumente einer Freundschaft. Briefwechsel zwischen Hermann von Helmholtz und Emil du Bois-Reymond, 1846–1894. Akademie Verlag, Berlin 1986, S. 82/83.

bung des menschlichen Augapfels" herausbrachte. Bereits nach einem Monat(!) lag die Schrift gedruckt vor.

Ähnlich wie HELMHOLTZ war es sechs Jahre zuvor dem Heilbronner Arzt Julius Robert MAYER[78] mit seiner Schrift „Über quantitative und qualitative Bestimmung der Kräfte" ergangen. Während jedoch im Falle HELMHOLTZ' die Ablehnung aufgrund übertriebener Abneigung POGGENDORFFS gegenüber „Speculationen" nicht gerechtfertigt war, war sie im Falle MAYERS völlig in Ordnung. Die Schrift war POGGENDORFF am 16. Juni 1841 zugegangen und wurde von ihm trotz wiederholter Anmahnungen des Autors nie beantwortet. Sie ist zum Glück des Autors auch nie veröffentlicht worden. Man fand sie im Nachlaß POGGENDORFFS wieder. Sie war nicht nur fehlerhaft, sondern enthielt auch noch viele sinnlose Behauptungen in der Tradition der damaligen Naturphilosophie. Unser Ordentliches Mitglied, der Meteorologe Arthur VON OETTINGEN, hat darüber am 25. Mai 1908 hier in Leipzig vorgetragen.[79] Eine stark überarbeitete und weitgehend von Fehlern bereinigte Fassung der MAYERschen Arbeit ist ein Jahr später nach intensiver Konsultation seines jüngeren Freundes BAUR und des Physik-Professors NÖRREMBERG in Tübingen in LIEBIGS „Annalen der Chemie" erschienen.

Neben seiner Herausgebertätigkeit und redaktionellen Arbeit fand POGGENDORFF immer noch erstaunlich viel Zeit und Muße für eigenständige wissenschaftliche Untersuchungen. Sein *œuvre* umfaßt nicht weniger als 156 Publikationen, die in vielen Fällen zunächst in den Monatsberichten der Akademie vorgestellt, später aber alle in den „Annalen" publiziert worden sind. Der größte Teil dieser Arbeiten – nämlich hundert – betrifft die Elektrizität und den Magnetismus, je zehn Arbeiten behandeln Themen aus der Wärmelehre und Meteorologie. Der Rest greift Probleme des Lichts, der Mechanik, der Chemie und einiger anderer Gebiete auf. Schwerpunkt seiner Bemühungen war die Entwicklung von Geräten und Meßmethoden. Jedem von uns, der ein Physikalisches Praktikum an der Universität absolviert hat, wird die Poggendorffsche Kompensationsschaltung zur Messung elektrischer Spannungen noch in guter Erinnerung sein. Fast gleichzeitig mit Johann Salomo Christoph SCHWEIGGER[80] erfand er, wie bereits erwähnt, den „Multiplikator" zur Messung schwacher elektrischer Ströme. Als weitere wichtige Erfindung POGGENDORFFS kann das Spiegelgalvanometer an dieser Stelle erwähnt werden.

VIII. Das Ende

Am 28. Februar 1874 veranstalteten Freunde und Verehrer aus Anlaß der 50jährigen Herausgeberschaft der „Annalen" für POGGENDORFF eine Jubelfeier. Abordnungen verschiedener Akademien, Universitäten und Gesellschaften des In- und Auslandes überbrachten dem rüstigen Jubilar ihre Glückwünsche. Von der Kaiserin Augusta[81] ging ein persönliches Schreiben ein.[82] Am Abend fanden sich 200 Gäste und Gratulanten aus nah und fern zum gemeinsamen Essen ein. POGGENDORFF – er war immerhin schon 77 Jahre alt (Abb. 11) – dachte nicht im entferntesten daran, „das Feld zu räumen". Sein Wunsch war es, seine „noch übrigen Kräfte unverdrossen der Wissenschaft zu

Abb. 11: Poggendorff im Alter. Aus: Illustrierte Zeitung Nr. 1607, Leipzig, den 18.04.1874, S. 290

[78] Julius Robert Mayer, geboren 1814 in Heilbronn, Medizinstudium, praktischer Arzt in Heilbronn, wo er 1878 verstarb. Er formulierte 1845 das Gesetz von der Erhaltung der Energie.

[79] Arthur von Oettingen: Robert Mayers wissenschaftlicher Entwicklungsgang im Jahre 1841. Abhandlungen der Math.-Phys. Klasse der Königl. Sächsischen Gesellschaft der Wissenschaften in Leipzig, Bd. 31 (1909), S. 163–176.

[80] Johann Salomo Christoph Schweigger, geboren 1779 in Erlangen, ab 1819 Professor in Halle, wo er 1857 verstarb.

[81] Augusta, geboren 30.09.1811 in Weimar, Tochter des Großherzogs Karl Friedrich von Sachsen-Weimar-Eisenach, heiratete am 11.06.1829 Wilhelm I. von Preußen, späterer Deutscher Kaiser, gestorben 07.01.1890 in Berlin, beigesetzt im Mausoleum im Schloßpark Berlin-Charlottenburg.

[82] Wilhelm Barentin in: Annalen der Physik und Chemie, Band 160 (1877), S. XXII.

widmen.“ Dazu merkte Wilhelm OSTWALD[83] in seinen „Lebenslinien“[84] allerdings kritisch an, daß er

> „feststellen könne, dass Poggendorff, der die ‚Annalen der Physik‘ zu so ruhmvoller Höhe entwickelt hatte, in den letzten Jahren seines Lebens den kritischen Blick verloren und einzelne Aufsätze angenommen hatte, deren Abdruck ohne Verlust für die Wissenschaft hätte unterbleiben können“.

Seine stabile Gesundheit und geistige Frische, deren sich POGGENDORFF bis ins hohe Alter erfreuen durfte, gaben ihm zeitlebens ein unerschütterliches Vertrauen in die Zukunft. Noch im Sommer 1873 war in ihm der Entschluß gereift, „Beiblätter zu den Annalen der Physik und Chemie“ ins Leben zu rufen. Das erste Heft erschien noch wenige Tage vor dem Tode des Herausgebers.

Grundlage seiner so überaus erfolgreichen Tätigkeit waren – neben einer besonderen Begabung und grenzenlosen Hingabe für die redaktionelle Arbeit – seine umfangreichen historischen und literarischen Kenntnisse sowie sein ausgeprägter Ordnungssinn. Im Laufe der Jahre kam eine Sammlung von 4000 Schriften zusammen, die er zu 380 Bänden binden ließ. Alles wurde bis zuletzt akribisch nach Titeln und Autoren katalogisiert, so daß er sich in kürzester Zeit ohne langes Suchen jede gewünschte Information verschaffen konnte. Hinzu kam, daß er sich in Gesprächen und der Korrespondenz stets klar, offen und verbindlich äußerte. Ihm war es gegeben, seine Meinung gegenüber anderen mit Ruhe und Festigkeit zu vertreten, ohne daß der Geschmack einer Feindseligkeit zurückblieb. Der Chemiker A. W. HOFMANN[85] beschrieb den liebenswürdigen Charakter POGGENDORFFS so:

> „Von einer Geradheit und Ehrlichkeit, welchen jeder Hintergedanke fremd war, von einer Bescheidenheit, welche sich stets darin gefiel, die Verdienste Anderer ins Licht zu stellen, von einer Dienstbeflissenheit und Hülfsbereitschaft, denen kein Opfer zu schwer ward, von einer fast kindlichen Heiterkeit und einer wohlthuenden Freundlichkeit im Umgang, welche ihm alle Herzen gewannen.“[86]

Es heißt von POGGENDORFF, daß er nur Freunde, keine Feinde gekannt habe.

In den allerletzten Lebensjahren trat eine zunehmende „Gebrechlichkeit im Gehen“ auf, von der er sich aber nicht unterkriegen ließ. Als Ostern 1876 ein qualvoller „nervöser Gesichtsschmerz“ – wahrscheinlich eine Trigeminus-Neuralgie – hinzukam, die bis zu seinem Tode nicht wieder verschwinden sollte, änderte sich der allgemeine Gesundheitszustand POGGENDORFFS zunehmend. Seine an ihm so bewunderte und geschätzte „gleichmüthige Heiterkeit“ war dahin. Sein früheres Gesicht „voll freundlich arglosen Wohlwollens und zweifelloser Lebensgewißheit“, wie es in dem Abschiedstext seiner Kinder heißt, wurde zum „stillen, schweigend ergebenen Dulderantlitz, ... selten erhellt durch ein vergessenes Lächeln alter Zeit“.[87]

Im Herbst unternahm er nochmals eine Reise in seine geliebte norddeutsche Heimat nach Düsternbrook bei Kiel, die ihm aber auch nur vorübergehend eine gewisse Milderung seines Leidens verschaffte. Nur noch Morphium half, die Schmerzen zu ertragen, etwas Zeit zur Arbeit zu gewinnen und Schlaf in der Nacht zu finden. Im Dezember verschlechterte sich sein Zustand von Tag zu Tag.

> „Immer mehr und immer länger saß er still auf seinem Sopha, mit geschlossenen Augen, theilnahmslos, durch laute Anrede mit Mühe für einen Augenblick aufgerüttelt, ein schrecklich unvergessener Anblick für alle, die ihn früher gekannt“,

berichtet ein Augenzeuge.[88] Nach Neujahr konnte er „buchstäblich kein Glied mehr rühren“. Sein Geist blieb dessenungeachtet rege. Allmorgendlich ließ er sich an seinen Schreibtisch tragen, um „den Gang der Geschäfte zu verfolgen“[89]. Am 24. Januar, mittags um 12 Uhr hörte sein Herz auf zu schlagen. Noch am 9. und 10. Januar hatte er mit Unterstützung seines Druckers langsam, aber mit eisernem Willen das noch fehlende, letzte Manuskript für das Januarheft der „Annalen“ vorbereitet. Vier Tage nach seinem Tode wurde er an der Seite seiner Frau, die ihm vor zwölf Jahren vorausgegangen war, unter reger Anteilnahme von Bekannten, Freunden und Verehrern beigesetzt.

So vollendete sich das Leben eines Mannes, dessen Namen in der Geschichte seiner Wissenschaft für alle Zeiten fortbestehen wird, eines Mannes, der sein ganzes Können und Wissen im wahrsten Sinne des Wortes selbstlos und unermüdlich bis zum letzten Atemzuge unter Hintansetzung seiner Person in den Dienst seiner Wissenschaft und nur der Wissenschaft gestellt hat. In einer Trauerrede auf den Physiker Thomas Johann SEEBECK, der in seiner Jenaer Zeit einst zum Freundeskreis GOETHES ge-

---

[83] Wilhelm Ostwald, geboren 1853 in Riga, 1887–1906 Professor für Physikalische Chemie in Leipzig, 1909 Nobelpreis für Chemie, gestorben 1932 in Großbothen bei Leipzig.

[84] Wilhelm Ostwald: Lebenslinien – Eine Selbstbiographie. Nachdruck in: Abhandlungen der Sächsischen Akademie der Wissenschaften zu Leipzig. Mathem.-Naturwiss. Klasse, Band 61. Verlag der Sächs. Akad. der Wissensch. zu Leipzig 2003, S. 168.

[85] August Wilhelm Hofmann, bedeutender deutscher Chemiker, Schüler Liebigs. Geboren 08.04.1818 in Gießen, ab 1845 Professor am Royal College of Chemistry in London, ab 1864 in Bonn, ab 1865 in Berlin. Mitbegründer und erster Präsident der Deutschen Chemischen Gesellschaft, gestorben 05.05.1892 in Berlin.

[86] A. W. Hofmann: Nachruf auf Poggendorff. Berichte der Deutschen Chemischen Gesellschaft Jg. 10 (1877), 103/104.

[87] Der Abschied 1877. Abgedruckt in: Johann Christian Poggendorff. Leichenrede von Emil Frommel nebst eigenhändigen Lebensnachrichten, Reden und Briefen. F. Dümmler's Buchhandlung, Berlin 1877, S. 78/79.

[88] Der Abschied 1877. Abgedruckt in: Johann Christian Poggendorff. Leichenrede von Emil Frommel nebst eigenhändigen Lebensnachrichten, Reden und Briefen. F. Dümmler's Buchhandlung, Berlin 1877, S. 78/79.

[89] Wilhelm Barentin in: Annalen der Physik und Chemie, Band 160 (1877), S. XXIII.

zählt hatte, umschrieb POGGENDORFF die Persönlichkeit des Verstorbenen mit folgenden Worten:

„Ein feuriger Sinn für die Wissenschaft, der auch fremdes Verdienst bereitwillig anerkannte, ein entschiedener männlicher Character und ein würdevolles Äußeres."[90]

Diese warmherzige Einschätzung dürfte genauso auf den Mann zutreffen, zu dessen Gedenken wir uns heute versammelt haben. Ein Mann, dem es ein Bedürfnis war, die erfolgreichen Wissenschaftler in ihren Lebensdaten und Leistungen für die nach uns kommenden Generationen festzuhalten, was in unserer schnellebigen Gegenwart dringender denn je geworden ist, der

„gelebt für alle Zeiten", weil er *„den Besten seiner Zeit genug getan"*.

---

[90] Gedächtnisrede auf Thomas Johann Seebeck. In: Abhandlungen der Königlichen Akademie der Wissenschaften zu Berlin. Aus dem Jahre 1839. Druckerei der Königl. Akad. Wiss., Berlin 1841, S. XIX–XXXVIII.

Heiner Kaden

Johann Christian Poggendorff als Chemiker und Physiker

1. Einführung

Johann Christian Poggendorff als Begründer, Autor und Herausgeber des nach ihm benannten Handwörterbuches und sein Leben wurden in den weiteren Beiträgen dieser Abhandlung ausführlich gewürdigt. Im vorliegenden Aufsatz werden Poggendorffs wissenschaftliche Leistungen in den Naturwissenschaften und seine Arbeiten als Experimentator dargestellt. Zur Einführung wird auf Stand und Fortschritt von Physik, Chemie und chemischer Industrie zur Zeit Poggendorffs eingegangen. Außerdem kommt die damalige Situation der Friedrich-Wilhelms-Universität zu Berlin und der Königlich Preußischen Akademie der Wissenschaften zu Berlin zur Sprache. Der Hauptteil der Arbeit ist der Einschätzung der aus heutiger Sicht bedeutungsvollen wissenschaftlichen Arbeiten Poggendorffs gewidmet.

2. Die Stellung der Wissenschaft zur Zeit Poggendorffs

2.1 Allgemeines

In einem Aufsatz über Staat und Forschung im 19. Jahrhundert führt der Münchner Historiker Gerhard Albert Ritter (geb. 1929) aus[1]:

> „Im 19. Jahrhundert bilden sich erste Ansätze zunehmend engeren Zusammenspiels von Wissenschaft, Wirtschaft und Staat. Die Gründung der Berliner Universität, auf Wilhelm von Humboldts Konzept der Einheit von Forschung und Lehre beruhend, war staatlich veranlasst, sie wurde für lange Zeit zur wohl führenden Universität der Welt."

Poggendorffs beruflicher Lebenslauf verlief in eben dieser Zeit, beginnend mit einer Apothekerlehre in Hamburg, der Tätigkeit als Apothekengehilfe in Itzehoe sowie dem Studium der Naturwissenschaften 1820 bis 1823 an der Berliner Universität. Das 19. Jahrhundert war die Epoche einer rasch fortschreitenden Industrialisierung, begleitet von mannigfaltigen ökonomischen und sozialen Wandlungen. Die industrielle Revolution vollzog sich als einer der größten Umwandlungsprozesse der Geschichte. Mit dem Begriff „Industrielle Revolution" verbinden sich nicht nur Veränderungen in der Wirtschaft, sondern auch in der Struktur der Gesellschaft, in den sozialen Beziehungen und im Lebensstil. In Deutschland begann die industrielle Revolution in der ersten Hälfte des 19. Jahrhunderts, während sie in England bereits etwa 50 Jahre früher eingesetzt hatte. Die Dampfmaschine als Antriebsmittel und Eisen und Stahl als nun wesentlichste Werkstoffe, die rasche Entwicklung von Werkzeugmaschinen sind als Merkmal und Resultat der industriellen Revolution hervorzuheben. Im 19. Jahrhundert kam aber auch die wissenschaftlich betriebene Technik zunehmend voran, und die feinmechanische und optische Industrie bediente sich immer mehr wissenschaftlich-technischer Methoden. Die Technisierung wirkte zugleich auf die wissenschaftliche Forschung zurück, da sie Werkzeuge und Instrumente lieferte, die es ermöglichten, Forschung mit erheblich verfeinerten Methoden zu betreiben,[2] was auch auf die experimentellen Arbeiten Poggendorffs einen fördernden Einfluss hatte.

Es sei darauf hingewiesen, dass etwa seit dem frühen 18. Jahrhundert bis zur Mitte des 19. Jahrhunderts auch eine ökologische Revolution verlief.[3] Von den scheinbar unerschöpflichen Umweltmedien Wald, Boden, Luft und Wasser war Holz als Energiequelle, als Baustoff, Quelle von Humus und Weidematerial für bäuerliches Vieh in seiner Regenerierbarkeit erstmals an Grenzen gestoßen; man begegnete der Erfahrung der „Holznot" und begann, das bevorstehende Ende von Energieressourcen zu fürchten. Die Umweltbelastung stieg erheblich an, nachdem die Großchemie in Form von Gasanstalten die Wohnviertel erreicht hatte.[4]

2.2 Physik

Der französische Philosoph I. M. Auguste François Xavier Comte (1798–1857) ist einer der Begründer des von ihm so genannten Positivismus. Er war von 1832 bis 1844 als

[1] G. A. Ritter: Staat und Forschung im 19. Jahrhundert. In: W. Pieroth (Hrsg.): Das 19. Jahrhundert. München: Verlag C. H. Beck 1997, S. 202–209.

[2] Friedrich Klemm: Geschichte der Technik. Deutsches Museum, B. G. Teubner Stuttgart 1998, S. 148.

[3] W. Siemann: Die ökologische Revolution: Der neue Umgang mit der Natur. In: W. Pieroth (Hrsg.): Das 19. Jahrhundert. München: Verlag C. H. Beck 1997, S. 73–80.

[4] Akos Paulinyi, Ulrich Troitzsch: Propyläen Technik Geschichte, Bd. 3: 1600–1840, S. 271, Berlin 1997.

Repetitor der Mathematik und Examinator an der École polytechnique in Paris tätig. Comte lehnte Metaphysik und Absolutheitsvorstellungen ab. Seine Wissenschaftsauffassung, die das neuzeitliche Verständnis der Naturwissenschaft mitprägte, gründete sich auf die Beschreibung von Tatsachen und deren Beziehungen; er ersetzte den Begriff der Ursache durch den des Gesetzes als Beschreibung konstanter Zusammenhänge der Aufeinanderfolge und der Ähnlichkeit; das praktische Ziel sah er in der Ermöglichung rationaler Voraussagen. Die Wissenschaften werden von ihm nach abnehmender Abstraktheit und zunehmender Konkretheit geordnet.[5] Von größter Bedeutung für die Entwicklung der Physik im 19. Jahrhundert war der französische Mathematiker und Physiker Jean-Baptiste Joseph Fourier (1768–1830), der bereits 1789 als Professor für Mathematik berufen wurde; ab 1822 war er ständiger Sekretär der Académie des sciences. Von ihm stammt stammt die Theorie der Wärmeausbreitung und -leitung (Théorie analytique de la chaleur, 1822), die er in Teilen bereits 1807 und 1812 der Académie vorgelegt hatte. Die darin eingeführte Methode der Entwicklung von Funktionen in Fourier-Reihen und der Darstellung durch Fourier-Integrale hat sich für die theoretische Physik als außerordentlich fruchtbar erwiesen.

Julius Robert Mayer (1814–1878), Arzt und Physiker, begründete in seinem 1842 erschienenen Aufsatz „Bemerkungen über die Kräfte der unbelebten Natur"[6] und ausführlicher in seiner 1845 erschienenen Schrift „Die organische Bewegung in ihrem Zusammenhange mit dem Stoffwechsel" das Gesetz von der Erhaltung der Energie. Mayers Prioritätsansprüche, u. a. gegenüber J. P. Joule (1843) und H. von Helmholtz (1847), hinsichtlich der Entdeckung des Energieprinzips wurden erst seit 1862 anerkannt. Am 16. Juni 1841 schickte Mayer seine Abhandlung „Über die quantitative und qualitative Bestimmung der Kräfte", eine Arbeit, die den oben genannten zwei grundlegenden Veröffentlichungen vorausgegangen war, an J. C. Poggendorff mit dem Wunsch um Veröffentlichung in den „Annalen der Physik und Chemie". Trotz mehrmaliger Bitten wurde der Beitrag weder veröffentlicht noch zurückgegeben, sondern erst nach dem Tod Poggendorffs aufgefunden, worum sich eine ganze Legende entspann, die oft falsch zitiert bzw. ausgelegt wurde und von A. von Oettingen in seinen Anmerkungen zu den Arbeiten von Mayer (wie in Anm. 6, S. 80) richtig gestellt wird.

Hervorzuheben ist James Prescott Joule (1818–1889), britischer Physiker und Privatgelehrter, welcher die Wärmeentwicklung elektrischer Ströme untersuchte, er stellte 1841 das joulesche Gesetz und 1843 unabhängig von Robert Mayer das Energieprinzip auf, entdeckte 1847 die Magnetostriktion und bestimmte den Wert des mechanischen Wärmeäquivalents (1850). Er stellte Versuche über die innere Energie der Gase an und entdeckte dabei 1852 gemeinsam mit William Thomson den Joule-Thomson-Effekt. Joule wurde zu einem der Begründer der Wärmelehre, da er bei Ausdehnungsversuchen mit Gasen zur Auffassung gelangte, Wärme sei kein Stoff, sondern die Bewegung von Teilchen. Der französische Ingenieur und Physiker N. L. Sadi Carnot (1796–1832) schuf 1824 seine für die Entwicklung der Thermodynamik bedeutende Arbeit über den Wirkungsgrad und die Theorie der Wärmekraftmaschinen, wobei er den Carnot-Prozess einführte, seine Überlegungen aber noch auf die alte Vorstellung eines Wärmestoffs gründete. Wenig später vertrat er die Auffassung, dass Wärme aus der Bewegung der kleinsten Teilchen resultiere; auf dieser Basis berechnete er bereits vor J. R. Mayer das mechanische Wärmeäquivalent. Erst 1834 wurden Carnots Überlegungen durch den französischen Ingenieur Benoît Pierre Émile Clapeyron (1799 bis 1864) allgemein zugänglich gemacht und 1850 durch Rudolf Julius Emanuel Clausius (1822–1888) eingehend gewürdigt sowie in die mit dem Energieprinzip verträgliche Form gebracht.[7]

Die Physik im 19. Jahrhundert war weiterhin durch fundamentale Erkenntnisse in Optik, Elektrizitätslehre und Magnetismus gekennzeichnet. Thomas Young (1773 bis 1829), britischer Physiker und Arzt, leistete grundlegende Beiträge zur Entwicklung der Optik, insbesondere zur Wellentheorie des Lichts. Er fasste Licht als eine sich im Äther fortpflanzende Wellenbewegung auf, beobachtete Interferenzen und formulierte ein Interferenzprinzip, mit dessen Hilfe er Wellenlängen bestimmte und Beugungserscheinungen wie die newtonschen Ringe und die Farben dünner Plättchen erklärte. Der französische Physiker Étienne Louis Malus (1775–1812) befasste sich mit der Doppelbrechung des Lichtes in Kristallen und entdeckte 1808 die Polarisation des Lichtes. Armand Hippolyte Louis Fizeau (1819–1896) und Jean Bernard Léon Foucault (1819–1868), beide ebenfalls französische Physiker, führten 1849/1850 nach unterschiedlichen Methoden Messungen der Lichtgeschwindigkeit aus. Im Jahr 1820 entdeckte der dänische Chemiker und Physiker Hans Christian Ørsted (1777–1851) die Ablenkung einer Magnetnadel durch elektrische Ströme. André Marie Ampère (1775–1836) erkannte die Wichtigkeit dieser Erscheinung und begann, auf Ørsteds Arbeiten aufbauend, die Theorie des Elektromagnetismus zu entwickeln. Wie unten erläutert, spielten diese Entdeckungen für Poggendorffs Arbeit eine große Rolle.

Der Physiker Thomas Johann Seebeck (1770–1831), der ab 1818 Mitglied der Berliner Akademie der Wissenschaften war, entdeckte 1818 die Drehung der Polarisa-

[5] Vgl. I. Prigogine, I. Stengers: Dialog mit der Natur. München: Piper 1990, S. 113.

[6] Reprint erschienen in: Ostwalds Klassiker der exakten Naturwissenschaften 37, 180 und 99 (in einem Band, hier: Bd. 180). Verlag Harri Deutsch, Frankfurt am Main 2003, S. 1–90.

[7] Reprint erschienen in: Ostwalds Klassiker der exakten Naturwissenschaften 37, 180 und 99 (in einem Band, hier: Bd. 37). Verlag Harri Deutsch, Frankfurt am Main 2003, S. 1–72.

tionsebene des Lichtes in Zuckerlösungen und die der Realität nahe kommende Wiedergabe der Beleuchtungsfarbe durch feuchtes Silberchlorid als Vorstufe der Farbfotografie. 1821 gelang ihm die Auffindung des nach ihm benannten thermoelektrischen Effektes, wonach er die Thermospannungsreihe für Metalle aufstellen konnte. Die von Seebeck konstruierten Thermoelemente erlangten als Quellen konstanter Spannung große Bedeutung für die Experimentalphysik. Georg Simon Ohm (1789–1854), Physiker, wies 1826 experimentell das nach ihm benannte grundlegende Gesetz der Stromleitung nach, und er gab in seiner Schrift „Die galvanische Kette, mathematisch bearbeitet" (1827) eine der fourierschen Wärmeleitungstheorie analoge phänomenologische Theorie der elektrischen Leitung.

Michael Faraday (1791–1867), britischer Physiker, seit 1827 auch Professor der Chemie, hatte sich zunächst vorwiegend mit chemischen Problemen befasst, wandte sich aber später zunehmend der Elektrizitätslehre zu. Bei der Analyse von Ölen entdeckte er 1824 das Benzol. 1831 gelang ihm mit dem Nachweis der elektromagnetischen Induktion seine wohl bedeutendste Entdeckung: Faraday konstruierte den ersten Dynamo. Die Arbeiten zum Nachweis der Gleichartigkeit der auf verschiedene Weise erzeugten Elektrizität führten ihn zu elektrochemischen Problemen und 1833/34 zur Aufstellung der nach ihm benannten Gesetze der Elektrolyse. Faraday führte dabei die Begriffe Elektrolyse, Elektrolyt, Elektrode, Kathode, Anode, Anion und Kation in die Elektrochemie ein. 1845 entdeckte er die Drehung der Polarisationsebene von Licht im magnetischen Feld (Faraday-Effekt) und den Diamagnetismus.

So erbrachten die physikalischen Entdeckungen des 19. Jahrhunderts einen enormen Fortschritt der Naturwissenschaften: Poggendorff wurde durch die Herausgabe der „Annalen für Physik und Chemie" mit vielen dieser Neuerungen unmittelbar vertraut, und mehrfach regten sie ihn zu eigenen Arbeiten an.

2.3 Chemie und technische Chemie

Mit der Entdeckung des Sauerstoffs im Jahr 1771 durch C. W. Scheele (1742–1786) bzw. 1774 unabhängig von Scheele durch Joseph Priestley (1733–1804) sowie der Zusammensetzung der Luft durch Antoine Lavoisier (1743–1794) war die Zeit der Phlogistontheorie und der Alchemie endgültig beendet worden. Poggendorffs wissenschaftlicher Weg fiel mit dem Beginn der wissenschaftlichen Chemie und deren Differenzierungsprozess zusammen. Einige besonders herausragende Ereignisse und Entdeckungen dieses Jahrhunderts in der Chemie sind in der *Tabelle* verzeichnet.

Im Jahr 1803 stellte John Dalton (1766–1844) seine chemische Atomtheorie auf, deren entscheidende Neuigkeit war, dass sich die Atome verschiedener chemischer Elemente nicht in ihrer Gestalt, sondern in ihrem Atomgewicht unterscheiden; alle Atome eines Elements sollten physikalisch und chemisch identisch, insbesondere gleich schwer sein. Auf dieser Grundlage konnte er die aus Versuchen anderer bereits bekannte Tatsache, dass beim Zusammentritt chemischer Elemente zu Verbindungen ihre Gewichtsverhältnisse in einfachen Proportionen stehen, erklären und mit seinen Gesetzen der konstanten und multiplen Proportionen Aussagen über die auftretenden Mengenverhältnisse[8] machen. Im Zusammenhang mit meteorologischen Untersuchungen wurden Experimente zur Beschaffenheit der Atmosphäre ausgeführt, neben Dalton insbesondere durch den französischen Physiker und Chemiker Joseph Louis Gay-Lussac (1778–1850), der 1802 das nach ihm benannte Gesetz der Wärmeausdehnung von Gasen (Gay-Lussac-Gesetz) aufstellte. Seine Arbeiten zur technischen Chemie betrafen u. a. das Steinkohlengas und die Schwefelsäurefabrikation (1835 Einführung des Gay-Lussac-Turmes).

William Prout (1785–1850), britischer Mediziner und Chemiker, entdeckte u. a., dass der Magensaft Salzsäure enthält, er veröffentlichte aber vor allem die sog. Prout-

Tabelle: Einige wesentliche chemische Entdeckungen im 19. Jahrhundert

Alessandro Volta (1745–1827)	Voltasche Säule, galvanisches Element
Joseph Louis Proust (1755–1826)	Gesetz der konstanten Proportionen
John Dalton (1766–1844)	„New System of Chemical Philosophy", Atomhypothese
Amadeo Avogadro (1776–1856)	Molekülbegriff, Avogadrosche Zahl
Humprey Davy (1778–1829)	Wasserelektrolyse, Schmelzflusselektrolse
Louis Gay-Lussac (1778–1850)	Chemisches Volumengesetz
William Prout (1785–1850)	Prout-Hypothese: Atomgewichte der Elemente sind ganzzahlige Vielfache des Atomgewichts des Wasserstoffs.
Eilhard Mitscherlich (1794–1863)	Gesetz des Isomorphismus
Friedrich Wöhler (1800–1882)	Ammoniumcyanat / Harnstoff
Justus von Liebig (1803–1873)	Knallsaures Silber, Isomerie mit Silbercyanid

[8] J. Dalton: A new system of chemical philosophy (3 Teile). London 1810. Deutsch unter dem Titel: Ein neues System des chemischen Theiles der Naturwissenschaften.

sche Hypothese, dass die Atomgewichte ganzzahlige Vielfache des Atomgewichts des Wasserstoffs sind. Die Physiker Alessandro Volta (1745–1827) und Humprey Davy (1778–1829) stehen für bahnbrechende Entdeckungen zu Elektrochemie und Elektrolyse, worauf später zurückgekommen wird. Jöns Jakob Berzelius (1779–1848), schwedischer Chemiker deutscher Herkunft, beschrieb innerhalb nur eines Jahrzehntes die Präparation von mehr als 2000 anorganischen Verbindungen, die auf genauen Atomgewichtsbestimmungen beruhten, und stellte Silicium, Zirkon und Tantal erstmalig in freier Form dar. Für das Gebiet der organischen Chemie sind als Entdecker mit überragender Bedeutung Friedrich Wöhler (1800–1882) und Justus von Liebig (1803–1873) zu nennen.

In der chemischen Industrie war die technische Produktion von Schwefelsäure eingeführt, sie war von der Apothekerware zur Industriechemikalie geworden. Soda, nach dem Leblanc-Verfahren hergestellt, verdrängte Pottasche und erlangte große Bedeutung als ein wichtiges Grundprodukt der chemischen Industrie, so für die Neutralisation von Säuren und die Herstellung von Natriumsalzen, für Anwendungen in den unterschiedlichsten Industriezweigen von der Nahrungsmittel- bis zur Eisenhüttenindustrie sowie als Flussmittel in der Glas- und Emailindustrie. Chlor wurde für die Erzeugung von Bleichlauge gebraucht, dazu gesellte sich in den ersten Jahrzehnten des 19. Jahrhunderts Leuchtgas als in riesigen Mengen aus Steinkohle hergestelltes Gas.

2.4 Die Friedrich-Wilhelms-Universität und die Königlich Preußische Akademie der Wissenschaften zu Berlin

Berlin hatte im Jahr 1850 418 000 Einwohner, bis 1870 wuchs die Bevölkerungszahl auf 774 000. Diese rasche Zunahme war begleitet von dem wirtschaftlichen Aufschwung Berlins, der sich nach dem Erlass des preußischen Zollgesetzes (1818) und der Bildung des Deutschen Zollvereins (1834) verstärkte, und von einer wachsenden Ausstrahlung der Berliner Wissenschaft auf ganz Deutschland. An der 1809 gegründeten Friedrich-Wilhelms-Universität wirkten Gelehrte hohen Ranges. Zur Physik als Wissenschaft und ihrer Etablierung an der Berliner Universität zur Zeit Poggendorffs äußert sich Adolf von Harnack (1851–1930), evangelischer Theologe, Kirchenhistoriker und Mitglied der Preußischen Akademie der Wissenschaften, in seiner zum 200-jährigen Jubiläum der Akademie verfassten „Geschichte der Preußischen Akademie der Wissenschaften": Physik ist „ein Mittelding zwischen einer Encyclopädie der Philosophie und einer Darlegung der naturwissenschaftlichen Grundtatsachen und -begriffe . . ."[9]. Nach Harnack wurde „mit dem Eintritt von Heinrich Wilhelm Dove (1803–1879), Johann Christian Poggendorff (1796–1877) und Heinrich Gustav Magnus (1802–1870) die moderne Physik in Berlin begründet und befestigt".

Erster ordentlicher Professor der Physik an der Universität Berlin wurde 1809 Paul Erman (1764–1851). Ostwald schreibt in seiner Geschichte der Elektrochemie[10] über Erman:

> „Unter den Arbeiten über die Volta'sche Säule ragen insbesondere die eines Physikers hervor, dessen Tätigkeit heute fast vergessen ist. Paul Erman ist einer der wenigen Forscher gewesen, der sich zu dieser Zeit allgemeinen naturphilosophischen Rausches ein kühler und nüchternes Urteil bewahrt und dieses in einer Anzahl von Arbeiten bewährt hat, welche an wissenschaftlichem Wert weit über die meisten zeitgenössischen hervorragen."

Der Physiologe Emil Du Bois-Reymond (1818–1896), seit 1853 Professor für Physiologie an der Berliner Universität und 1867 ständiger Sekretär der Akademie der Wissenschaften, hob in seiner Gedächtnis-Rede für Paul Ermann hervor:

> „Als besonderes Verdienst müssen wir ihm noch anrechnen, dass für eine gesunde Entwicklung der Naturwissenschaften in Deutschland so verderblich gewordene sogenannte Naturphilosophie unablässig bekämpfte und inmitten eines Taumels einer zügellosen Speculation das Banner nüchterner empirischer Forschung mit fester Hand emporhielt."

Dove beschäftigte sich auf physikalischem Gebiet mit Problemen der Optik, wobei seine Forschungen insbesondere der Polarisation und der Farbenlehre galten, sowie Fragen der Akustik und der elektromagnetischen Induktion. Er war einer der Begründer der neueren Meteorologie und der vergleichenden Klimatologie. Dove organisierte in Preußen das meteorologische Beobachtungsnetz und setzte sich für den Aufbau einer telegrafischen Wettermeldung ein. 1844 wurde er ordentlicher Professor für Physik und 1845 Mitglied der Preußischen Akademie der Wissenschaften.

Sigismund Friedrich Hermbstaedt (1760–1833), Chemiker und Pharmazeut, war seit 1794 Professor am Collegium medicochirurgicum in Berlin und seit 1810 an der Berliner Universität. Hermbstaedt förderte durch chemisch-technische Untersuchungen Gewerbe und Industrie und nahm neben Martin Heinrich Klaproth (1743–1817, seit 1810 Professor an der Berliner Universität) als erster deutscher Chemiker A. L. Lavoisiers antiphlogistisches System an. Für seine Experimente musste er die Hofapotheke nutzen. Im Gegensatz zu anderen Universitäten wie Jena und Gießen, die zu dieser Zeit bereits über chemische Laboratorien verfügten, hatte die Berliner Universi-

[9] A. von Harnack: Geschichte der Preußischen Akademie der Wissenschaften. Band 1,2: Vom Tode Friedrichs des Großen bis zur Gegenwart. Berlin 1900, Reichsdruckerei.

[10] W. Ostwald: Elektrochemie: Ihre Geschichte und Lehre. Leipzig: Veit 1996, S. 264.

tät noch keine solche Einrichtung. Magnus wurde 1845 zum Professor für Physik berufen. Die damaligen führenden Chemiker waren oft zugleich aktive Physiker, wie es auch auf Eilhardt Mitscherlich, in England auf Davy und Faraday und in Schweden auf Berzelius zutraf.[11] Magnus wurde 1834 zum außerordentlichen Professor als Nachfolger von Hermbstaedt berufen und lehrte längere Zeit zugleich Physik an der Berliner Artillerieschule und chemische Technologie am Gewerbeinstitut. Er richtete in seinem Haus am Kupfergraben 1840 ein physikalisches Labor ein, das er begabten Studenten öffnete. 1833 entdeckte er die Perjodsäure, 1837 stellte er experimentell fest, dass arterielles Blut O_2-reicher ist als venöses. 1853 charakterisierte er den Luftwiderstand eines fließenden Körpers und beschrieb den Effekt der Kraftwirkung an in einer Strömung rotierendem Körper. 1863 wurde sein Labor von der Universität übernommen. Magnus' Schule entstammten zahlreiche bedeutende Wissenschaftler, darunter Hermann von Helmholtz, John Tyndall, Emil Warburg und Werner von Siemens. Ein eigenes physikalisches Institut der Universität wurde erst 1871 unter Hermann von Helmholtz gebaut.

Zwei weitere bedeutende Naturwissenschaftler dieser Zeit in Berlin seien noch erwähnt: Heinrich Rose (1795 bis 1864), Professor für Chemie und Schöpfer der neueren analytischen Chemie, unterhielt ein Privatlabor; er stellte erstmals Niobium in reiner Form her. Eilhard Alfred Mitscherlich (1794–1863), seit 1822 Universitätsprofessor in Berlin, konnte das chemische Laboratorium der Berliner Akademie nutzen, er entdeckte die Isomorphie bei Kristallen, die Polymorphie chemischer Verbindungen und die Schwefelmodifikationen.

Als Poggendorff 1839 in die Königlich Preußische Akademie der Wissenschaften zu Berlin gewählt wurde, hatte diese bereits eine mehr als einhundertjährige Geschichte, seitdem sie 1700 als Kurfürstlich-Brandenburgische Sozietät der Wissenschaften gegründet worden war. Die Berliner Akademie war damals in ihrer Entwicklung hinter der Universität zurückgeblieben. In einer Eingabe von 1866 wies sie darauf hin, „dass sie fast nur durch die Universität und die dort gewährten Gehälter existiere".[12] Die wissenschaftliche Leben der Akademie war so nicht viel mehr als ein Ableger der wissenschaftlichen Tätigkeit der Berliner Universität (s. Laitko, wie Anm. 12). Dies änderte sich aber rasch, denn mit der Gründung außeruniversitärer Forschungsinstitute, deren Vertreter Mitglieder der Akademie wurden, wuchs die Akademie, auch ohne eigene Forschungseinrichtungen zu besitzen. Die Akademie erhielt eine eigenständige Funktion als Stätte des wissenschaftlichen Gedankenaustauschs auf hohem Niveau.

3. Die wissenschaftlichen Leistungen Poggendorffs

In Poggendorffs Annalen der Physik und Chemie sowie in den Verhandlungen der Königlich Preußischen Akademie der Wissenschaften zu Berlin stößt man auf zahlreiche wissenschaftliche Beiträge, in denen Poggendorff eigene Forschungsergebnisse vorstellt. Ein vollständiges Verzeichnis seiner Arbeiten ist in dem Nachruf[13] und exakt selbstverständlich in Poggendorffs Handwörterbuch[14] enthalten.

Für die Entwicklung der Elektrochemie sind das auf Poggendorff zurückgehende Galvanometer zur Messung kleinster Gleichströme[15], der elektromagnetische Multiplikator, von besonderer Bedeutung. Mit dieser Erfindung wurde Poggendorff, wie es noch heute anerkannt wird, zum Begründer der modernen Potentiometrie, da sie die Grundlagen dafür schaffte, kleine Gleichspannungen elektrochemischer Ketten (von Poggendorff hydroelektrische Ketten genannt) genau zu messen. Nachdem Ørsted 1820 die Ablenkung einer Magnetnadel durch elektrische Ströme entdeckt hatte, waren vor Poggendorff schon andere Wissenschaftler mit Entwicklungen von Galvanometern erfolgreich befasst gewesen: Johann Salomo Christoph Schweigger (1779–1857), Professor der Physik und Chemie in Erlangen und später in Halle, war 1820 maßgeblich an der Entwicklung des Galvanometers beteiligt. Claude Servais Matthias Pouillet (1780–1861), Physikprofessor am Collège Bourbon in Frankreich, erfand 1837 die Tangentenbussole, bei der mittels einer Ringspule eine horizontal drehbare Magnetnadel bei Stromfluss in der Spule aus der Meridianrichtung gedreht wird. Auch Theodor Fechner (1801–1898), Physikprofessor in Leipzig, hatte ein Galvanometer entwickelt, das auf der Ablenkung einer Magnetnadel durch den elektrischen Strom beruhte. Mit der Zahl der Drahtwindungen, die um die Nadel herumgelegt sind, multipliziert sich bei gleichbleibender Stromstärke die ablenkende Kraft, deshalb war früher der Begriff Multiplikator für solche Galvanometer gebräuchlich. Dieses Prinzip benutzte Poggendorff für die Messung elektromotorischer Kräfte mit der von ihm aufgefundenen, seither mit seinem Namen verbundenen Kompensationsmethode. Als solche werden bekanntlich

[11] Weitere Beispiele hierzu gibt P. Walden: Geschichte der Chemie. Athenäum-Verlag, Bonn 1950, S. 116.

[12] A. v. Harnack: Geschichte der Preußischen Akademie der Wissenschaften. Band 1,2: Vom Tode Friedrichs des Großen bis zur Gegenwart. Berlin 1900, Reichsdruckerei. Zitiert in: H. Laitko, E. Fabian, W. Girnus et al.: Wissenschaft in Berlin. Von den Anfängen bis zum Neubeginn nach 1945, Dietz Verlag Berlin 1987, S. 171.

[13] W. Barentin: Ann. Physik Chem. 6. Reihe, Bd. 10 (1877), S. VI.

[14] J. C. Poggendorffs Biographisch-Literarisches Handwörterbuch zur Geschichte der exacten Wissenschaften. Leipzig: Verlag von Johann Ambrosius Barth Bd. 2 (1863), S. 480–482; Bd. 3 (1898), S. 1052–1053; Bd. 4 (1938), S. 2036.

[15] J. C. Poggendorff: Über den Gebrauch der Galvanometer als Messwerkzeuge. Verhandlungen der Königlich Preußischen Akademie der Wissenschaften zu Berlin 1842, S. 192–202. J. C. Poggendorff: Ann. Physik Chem. 2. Reihe, Bd. 54 (1841), 161.

Messmethoden bezeichnet, bei denen eine bekannte, veränderliche Spannung und die zu messende Spannung so gegeneinander geschaltet werden, dass im Fall der Gleichheit beider ein Galvanometer stromlos wird. Abb. 1 zeigt den Schaltungsaufbau, wie er von Poggendorff vorgestellt wurde, in Abb. 2 ist er unter Verwendung moderner Schaltzeichen dargestellt. In Abb. 1 sind die Elektroden der Zelle B über die Drähte a und b, die einen variablen Widerstand haben, mit der Messzelle A verbunden. Der Draht c, mit dem Galvanometer m in Reihe geschaltet ist, kann die Pt- und Cu-Elektrode miteinander verbinden. U_K und U_M in Abb. 2 werden in der Weise abgeglichen, dass das Galvanometer Stromlosigkeit anzeigt. Die Prinzipien der Poggendorff'schen Kompensationsschaltung finden selbst noch in modernen Operationsverstärkerschaltungen Anwendung[16]. Poggendorff verfeinerte die Kompensationsmethode später durch die von ihm im Jahr 1821 eingeführte Spiegelablesung[17], für die besondere kleine astronomische Fernrohre (sog. Ablese-Fernrohre, Abb. 3) verwendet wurden. Das Prinzip beruht darauf, dass am Messinstrument ein kleiner Spiegel befestigt und zur Ablesung eine Skala gebraucht wird, die einen bestimmten Abstand vom Spiegel hat; bei einer Drehung des Spiegels ergibt sich ein günstiger vergrößerter Ablesungsmaßstab auf der Skala. Die Spiegelablesung findet noch heute Anwendung, so besonders in der praktischen Augenheilkunde in Form des Hertel'schen Exophthalmometers (nach F. Hertel, erstmals bereits 1905 veröffentlicht) zur Bestimmung des Abstandes von Hornhautscheitel zum knöchernen Augenhöhlenrand.

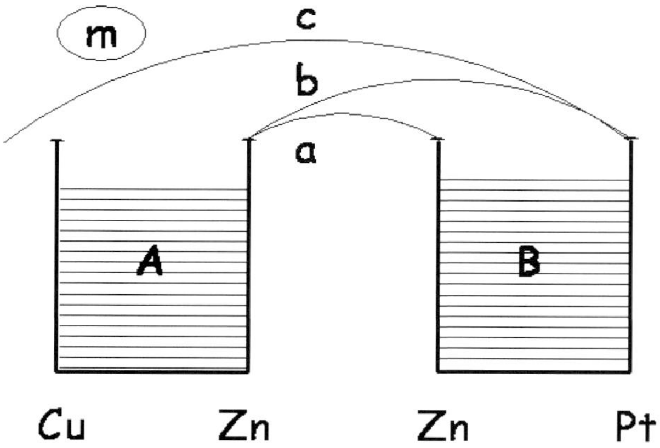

Abb. 1: Poggendorffs Potentiometerschaltung (nach der Darstellung in Poggendorffs Publikation in Ann. Physik Chem. 2. Reihe, Bd. 54 [1841], S. 161, Erläuterung s. Text).

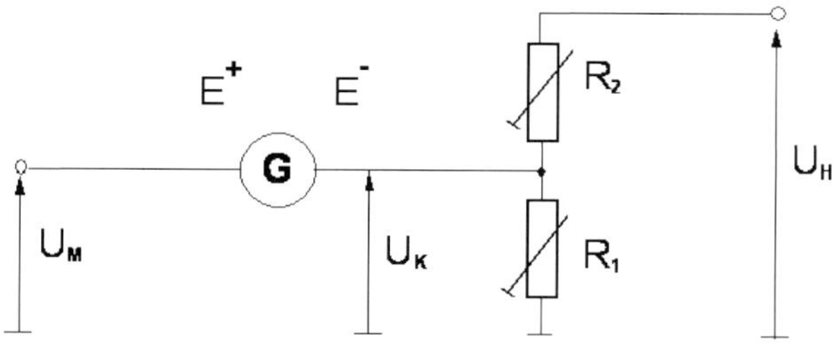

Abb. 2: Die Kompensationsschaltung gemäß Abb. 1, dargestellt mit modernen Schaltzeichen. G Galvanometer, U_K bekannte und veränderliche Spannung, U_M zu messende Spannung, U_H Hilfsspannung (aus einer Hilfsspannungsquelle).

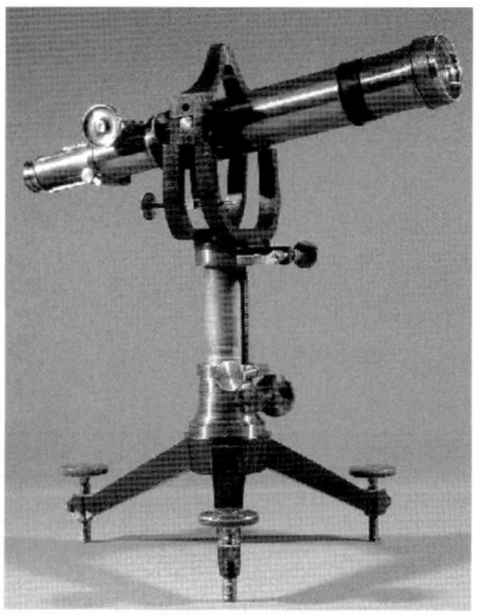

Abb. 3: Ablese-Fernrohr auf Stativ, 1872. Nach Poggendorff wurden kleine astronomische Fernrohre zur Ablesung von Spiegelgalvanometern verwendet, daher die Bezeichnung „Ablesefernrohr". Hersteller: Fa. C. A. Steinheil, München, etwa 1872.

Mehrere Arbeiten hat Poggendorff den Phänomenen der Elektrodenpolarisation beziehungsweise der Konzentrationsüberspannung gewidmet. Bei elektrochemischen Reaktionen werden an der Elektrodenoberfläche Teilchen erzeugt oder verbraucht, deren An- oder Abtransport durch Diffusion nur mit endlicher Geschwindigkeit erfolgen kann. Die deswegen auftretende erhöhte oder erniedrigte Konzentration an Ladungsträgern führt zu Veränderungen des Elektrodenpotentials gegenüber dem Zustand der Stromlosigkeit. Der Begriff Überspannung bedeutet, dass für elektrochemische Vorgänge an Elektroden höhere Spannungen erforderlich sind, als sie theoretisch berechnet werden. Die Größe der Überspannung hängt unter anderem von der Art des Elektrodenmaterials ab. Poggendorff war wohl einer der ersten, der dieses Phänomen erkannt und untersucht hat, da ihm dank seiner oben beschriebenen sehr präzisen Messmethodik für kleine Gleichströme genaue Messungen möglich waren. Eine sehr originelle, in ihrer Einfachheit und Zweckmäßigkeit verblüffende Anordnung zur Messung von Elektrodenpolarisationen geht auf ihn zurück – die von ihm so bezeichnete Wippe[18], eine Vorrichtung zur periodischen Unterbrechung polarisierender Gleichströme in elektrochemischen Zellen. Ihre Funktion lässt sich aus Abb. 4 erkennen: Ein bewegliches Holzbrettchen, gelagert auf zwei verstellbaren Schrauben (in die Abbildung ist nur eine der Schrauben eingezeichnet), ist mit Kupferdrähten versehen, die je nach der Neigung des Brettchens in eines von zwei kleinen Gefäßen mit Quecksilber eintauchen.

[16] Vgl. H. Kaden, M. Köstler, W. Oelßner: J. W. Poggendorff – Wissenschaftshistoriker, Physiker und Wegbereiter der modernen Elektrochemie. Naturwiss. Rdsch. 54 (2001) 76–80.

[17] J. C. Poggendorff: Ann. Physik Chem. 2. Reihe, Bd. 54 (1841) 10, 161.

[18] J. C. Poggendorff: Ann. Physik Chem. 3. Bd. 61 (1844), 586.

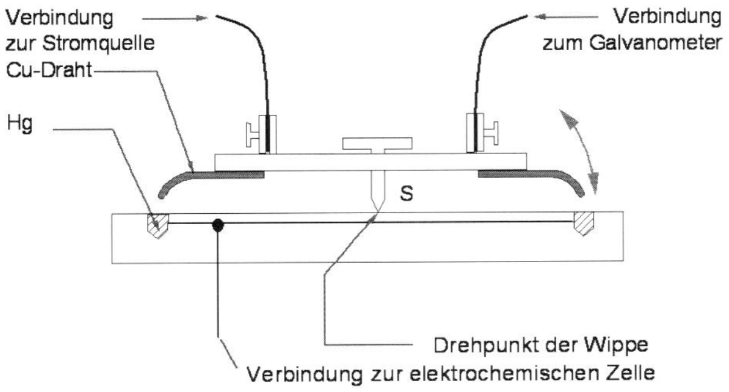

Abb. 4: Die „Wippe" Poggendorffs, ein Vorläufer der sog. Unterbrechermethode in der Elektrochemie zum Studium der galvanischen Polarisation.

Beide Gefäße sind durch die in der Abbildung eingezeichneten Drähte mit einer elektrochemischen Zelle verbunden. Wird die elektrochemische Zelle durch das Eintauchen des Kupferdrahtes an die Stromquelle angeschlossen, findet in ihr Elektrolyse statt. Wird sie stattdessen mit dem Galvanometer verbunden, so wird die Elektrolyse unterbrochen, und es erfolgt eine Strommessung in stromlosem Zustand, wobei die „wahre Intensität des Stromes", wie sie Poggendorff nannte, erhalten wird. Je größer die Frequenz des Wechsels zwischen Elektrolyse und stromlosem Zustand, desto genauer wird diese wahre Intensität gemessen. Poggendorff gibt für die manuelle Bedienung 3 bis 400 Wechsel je Minute an. Mit der Wippe ist prinzipiell sogar eine noch wichtigere Messgröße zugänglich, nämlich die elektromotorische Kraft, die Zellspannung des untersuchten Systems. Dafür stand Poggendorff damals kein schnell ansprechendes, hochohmiges Voltmeter zur Verfügung. Erst etwa ab 1940 benutzte man automatische Vorrichtungen, sog. Unterbrecher, die das Poggendorff'sche Prinzip übernahmen und verbesserten, wobei die Stromunterbrechung weiterhin mechanisch bewerkstelligt wurde. Ab 1950 ging man zu elektronischen Unterbrecherschaltungen über, mit denen das Unterbrechen des Stromes in 10^{-8} s erfolgt, was zu entsprechend hohen Schaltfrequenzen führt. Die grundlegende Erkenntnis, dass zum Studium der tatsächlichen Verhältnisse an polarisierten Elektroden eine Stromunterbrechung stattfinden muss, geht auf Poggendorffs Untersuchungen zurück.

Zur Bestimmung von Strommengen nach dem Faradayschen Gesetz verwendete Poggendorff erstmals das Silber-Coulometer[19], dessen Genauigkeit infolge des durch keinerlei Nebenreaktionen beeinträchtigten elektrochemischen Vorgangs nach wie vor unübertroffen ist, so dass es zur Definition der Einheit der Elektrizitätsmenge benutzt wird.

In elektrochemischen Untersuchungen zur elektrochemischen Abscheidung von Metallionen fand Poggendorff, dass sich in Cyanidlösungen gegenüber der Voltaschen Spannungsreihe infolge von Komplexbildung Veränderungen der Reihenfolge der einzelnen Metalle ergeben (von Poggendorff als „Galvanische Reihe in Cyankaliumlösungen" bezeichnet), deren Ursache Poggendorff deuten konnte.[20]

Nachdem Thomas Graham (1805–1869) gefunden hatte, dass bei Elektrolysen verschiedene Metalle beträchtliche Mengen Wasserstoff aufnehmen können, zeigte Poggendorff an Palladium[21], wie sich die der Anode zugewandte Seite einer Palladiumelektrode durch die Gasaufnahme so stark ausdehnen kann, dass sie sich verbiegt (Schema der Anordnung s. Abb. 5). Heute weiß man, dass bei diesem Vorgang zum Teil Palladiumhydrid PdH_2 bzw. Palladiumhydridphasen gebildet werden. In Sensoren mit dünnen Pd-Folien (Dicke etwa 250 μm) benutzt man den Effekt gegenwärtig zum quantitativen Nachweis von Wasserstoff.

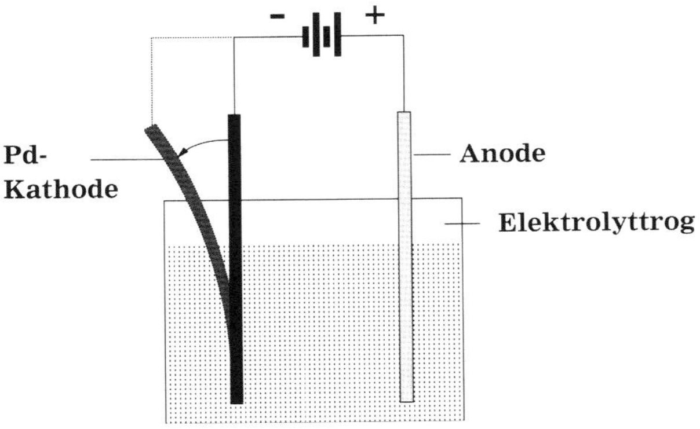

Abb. 5: Schema der von Poggendorff angestellten Untersuchung zur Aufnahme von Wasserstoff in Palladiumelektroden.

Als viel spektakulärer allerdings erwies sich, dass Palladium das Wasserstoffisotop Deuterium aufnehmen kann. Das Absorptionsvermögen für Wasserstoff ist so groß, dass fein verteiltes Palladium (Palladiumschwamm) das 850-fache, feinstverteiltes Palladium (Palladiummohr) das 1200-fache Volumen an Wasserstoff aufnehmen kann, wobei die Wasserstoffatome ihre Elektronen an das Elektronengas der Leitungselektronen des Palladiums abgeben. Vor etwa 15 Jahren gab es eine Aufsehen erregende Fortsetzung der Poggendorffschen Experimente. Es handelt sich um die Aufnahme des Wasserstoffisotops Deuterium durch Palladium (durch elektrolytische Abscheidung an Palladiumkathoden), die um 1990 eine amerikanische Forschergruppe als kalte Kernfusion beobachtet haben wollte und die einen beachtlichen Pressewirbel verursacht hatte. Dabei sollen Fusionsprozesse im Innern metallischer Festkörper bei Raumtemperatur ausgelöst werden. Die Möglichkeit eines solchen Fusionsprozesses kann zwar nicht grundsätzlich ausgeschlossen werden,

19 J. C. Poggendorff: Ann. Physik Chem. [2] 75 (1848), 337.

20 J. C. Poggendorff: Ann. Physik Chem. Bd. 66 (1845), 597.

21 J. C. Poggendorff: Über das galvanische Verhalten des Palladiums. Monatsberichte Königlich Preußische Akademie der Wissenschaften zu Berlin 1869, S. 116–118. J. C. Poggendorff: Aufnahme von Wasserstoff in Metallen bei der Elektrolyse. Pogg. Ann. 136 (1869), 483.

jedoch ließen sich die spektakulären Resultate wissenschaftlich nicht erhärten, so dass diese Variante der kalten Fusion heute nicht mehr ernsthaft diskutiert wird. Unter dem Titel „Fusionsfieber" findet man sogar einen 1998 erschienenen, sehr interessanten Roman[22], der „den realen Begebenheiten um die kalte Kernfusion weitgehend entspricht", wie es im Vorwort heißt. Der Autor ist Elektrochemiker und war selbst wesentlich daran beteiligt, den tatsächlichen Mechanismus des Vorgangs aufzuklären.

Interessanterweise hat sich Poggendorff auch elektrischen Eigenschaften von Feststoffen gewidmet. In einer Arbeit[23] von 1868 fand er überraschend erstmals heraus, dass bestimmte Gläser bereits bei Umgebungstemperatur elektrisch leitend sind, wenn sie zu Kölbchen sehr dünner Wandstärke ausgeblasen werden. Dass dafür uranhaltige Gläser zur Untersuchung gelangten, die von dem vormaligen Präsidenten der Sächsischen Akademie K. Schwabe neun Jahrzehnte später für die Entwicklung von Glaselektroden zur pH-Messung[24] erfolgreich eingesetzt wurden, ist bemerkenswert.

Ein besonders lebhaftes Interesse zeigte Poggendorff für die Erfindung der Voltaschen Säule um 1800, einer Reihenschaltung von galvanischen Elementen, die eine Spannung von über 100 V lieferte und eine erste Gleichstromquelle zur Erzeugung stationärer Ströme war. Alessandro Giuseppe Antonio Anastasia Volta (1745–1827), italienischer Physiker, war Professor an der Universität Pavia. Der allerletzte Abschnitt aus Poggendorffs „Geschichte der Physik", wiedergegeben in Abb. 6, weist auf Poggendorffs Begeisterung für Voltas Erfindung hin. So finden sich allein in seinen Vorträgen vor der Königlich Preußischen Akademie der Wissenschaften zu Berlin fünf auf diese Thematik zielende Arbeiten.[25] Sein Eifer galt vor allem dem Nachweis der Gültigkeit der sog. Kontakttheorie, die auch Volta selbst vertrat; die Diskussion um

> **Volta's Säule, welche die Elektricität in Form kontinuirlicher Ströme, und zwar zuerst kennen lehrte, hat ein Feld der Untersuchung aufgeschlossen so groſs und originell, wie es bis dahin die Physik noch nicht gesehen hatte. Sie bildet den würdigen Schluſs der groſsen Reihe von Entdeckungen und Erfindungen, welche das achtzehnte Jahrhundert dem neunzehnten zum Vorbild und zur Nacheiferung hinterlassen hat.**

Abb. 6: Der letzte Textabschnitt aus: J. C. Poggendorff, Geschichte der Physik, Leipzig 1879, S. 902.

die physikalische Ursache des Auftretens elektrischer Spannungen beim Kontakt zweier unterschiedlicher Metalle, in der Voltaschen Anordnung waren es Zink und Kupfer, die jedoch durch eine befeuchtete Papierschicht getrennt waren, spaltete die bekanntesten Naturwissenschaftler jener Zeit[26] in zwei Lager, die Anhänger der Kontakthypothese und diejenigen der chemischen Hypothese. Poggendorff schlug sich auf die Seite der Kontakthypothese, womit er allerdings, wie später geklärt wurde, falsch lag. Die Kontroverse ist im engen Zusammenhang mit dem damaligen Zwist von Naturwissenschaftlern um die Gültigkeit der Naturphilosophie zu betrachten, der von A. Kleinert[27] und D. von Engelhardt[28] eingehend untersucht und dargestellt wurde.

In mehreren Arbeiten hat sich Poggendorff um 1870 mit statischer Elektrizität, elektrischer Influenz und elektrostatischer Induktion[29] befasst. Der Physiker Wilhelm Holtz (1836–1913), außerordentlicher Professor für Physik in Greifswald, konstruierte 1865 eine erste Influenzelektrisiermaschine, die er immer wieder verbesserte. Poggendorff untersuchte unter Bezug auf Holtz' Arbeiten einen elektrostatischen Motor, dessen Prinzip darauf beruht, dass sich elektrische Ladungen an einer isolierenden, auf Metallspitzen gelagerten Scheibe befinden. Wenn auf

[22] G. Kreysa: Fusionsfieber. Weinheim: Wiley-VCH 1998.

[23] J. C. Poggendorff: Über einen noch wenig untersuchten Fall von Elektricitätsleitung des Glases. Monatsberichte der Königlich Preußischen Akademie der Wissenschaften zu Berlin 1868. S. 184–189.

[24] K. Schwabe: Chem.-Ztg. 82 (1958), 347.

[25] J. C. Poggendorff: Rechtfertigung seiner Ansicht über den angeblichen Rückstrom der Voltaschen Säule. Verhandlungen der Königlich Preußischen Akademie der Wissenschaften zu Berlin 1843. S. 275–281. – Über eine Methode, die relativen Maxima der Stromstärken zweier Volta'schen Ketten zu bestimmen. Ebenda 1842. S. 6–19. – Über Hrn. De la Rive's Hypothese vom Rückstrom in der Voltaschen Säule. Ebenda 1842. S. 151–164. – Über eine Voltasche Kette von nahe eben so starker Wirkung als die Grove'sche. Ebenda 1841. S. 167–169. – Über die Voltaschen Ketten mit zwei einander berührenden Flüssigkeiten. Ebenda 1841. S. 151–159.

[26] H. Kragh: Confusion and Controversy: Nineteenth-Century Theories of the Voltaic Pile. Nuova Voltiana: Studies on Volta an his Times. Milano, vol. 3 (2000), S. 133–157.

[27] A. Kleinert: Volta, the German Controversy on Physics and Naturphilosophie and his Relations with Johann Wilhelm Ritter. Nuova Voltiana: Studies on Volta an his Times. Milano, vol. 4 (2002), S. 29–39.

[28] D. von Engelhardt: Natural Philosophy and Natural Science around 1800. Nuova Voltiana: Studies on Volta and his Times. Milano, vol. 4 (2002), S. 11–27.

[29] J. C. Poggendorff: Über eine Vereinfachung in der Construction und dem Gebrauch der Holtz'schen Influenzmaschine erster Art. Monatsberichte der Königlich Preußischen Akademie der Wissenschaften zu Berlin 1869. S. 322–332. J. C. Poggendorff: Ueber das Holtz'sche Rotationsphänomen. Ann. Physik Chem. Bd. 71 (1870), 513–546. J. C. Poggendorff: Über eine neue Influenzmaschine. Monatsberichte der Königlich Preußischen Akademie der Wissenschaften zu Berlin 1870. S. 245. J. C. Poggendorff: Beitrag zur näheren Kenntnis der Elektromaschine zweiter Art. Monatsberichte der Königlich Preußischen Akademie der Wissenschaften zu Berlin 1872. S. 817–845. J. C. Poggendorff: Fernere Thatsachen zur Begründung einer endgültigen Theorie der Elektromaschine zweiter Art. Ann. Physik Chem. Bd. 94 (1875), 78–98.

diese Zone Elektrizität entgegengesetzter Ladung wirkt, so kommt es zu einer Rotation um die zentrale Achse der Scheibe. Das Starten der Umdrehungsbewegung ist einigermaßen schwierig. Abb. 7 zeigt einen derartigen Motor, der heute in der Literatur oftmals als „Poggendorffscher Motor" zitiert wird.

Abb. 7: Der Poggendorffsche Motor (Modell um 1870, Einzelheiten zur Funktion s. Text).

Im Jahr 1832 sagte der irische Mathematiker und Physiker William Rowan Hamilton (1805–1865) die konische Refraktion voraus, die darauf beruht, dass bei optisch zweiachsigen Kristallen keine Richtung völliger optischer Isotropie wie bei den einachsigen Kristallen in Richtung ihrer optischen Achse auftritt. Es kommt dann zu einer besonderen Erscheinung: Ein Lichtbündel, das in einem Kristall einen optisch zweiachsigen Kristall durchdringt und dessen Wellennormale die Richtung einer Binormalen hat, verwandelt sich in einen Strahlenkegel, der Lichtring erscheint doppelt (es ist zwischen äußerer und innerer konischer Refraktion zu unterscheiden, Einzelheiten s. Kleber[30]). Diese Vorhersage wurde damals als eine wissenschaftliche Sensation gewertet, zumal sie von H. Lloyd (1832) umgehend experimentell bestätigt wurde.[31] Sehr reiner Aragonit von Horenec bei Bilina in der Tschechischen Republik ist ein Mineral, an dem eine solche Erscheinung beobachtet werden kann. Poggendorff legte bereits wenige Jahre nach Hamiltons Voraussage eine wissenschaftliche Arbeit zur konischen Refraktion vor,[32] seitdem werden die zu beobachtenden Ringe als Poggendorffsche Ringe bezeichnet. Für den Nachweis der konischen Refraktion sind u.a. folgende Eigenschaften eines optischen biaxialen Mediums erforderlich: große Reinheit des Materials, hohe optische Transparenz, parallele Endflächen möglichst senkrecht zur optischen Achse, relativ hohe optische Brechung (in Richtung aller drei optischen Achsen). In Abb. 8 ist eine Aufnahme solcher Ringe, die mit Laserlicht und modernster technischer Ausstattung (s. Abb. 9) erzeugt wurden, zu sehen.

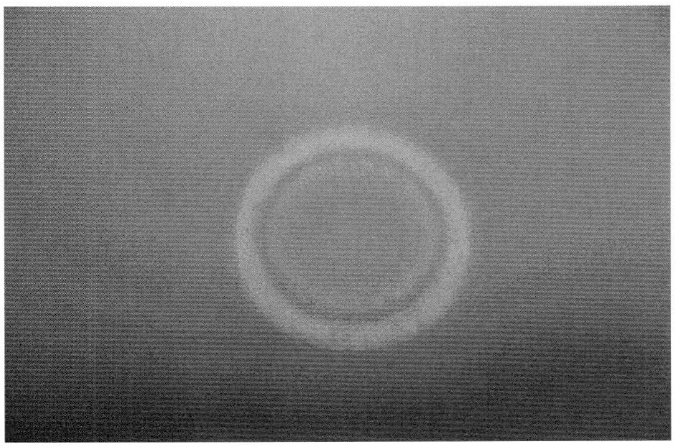

Abb. 8: Die Poggendorffschen Ringe (s. Text). Veröffentlichung mit freundlicher Genehmigung von Herrn O. Müller, Vision Crystal Technology AG, D-30890 Göxe.

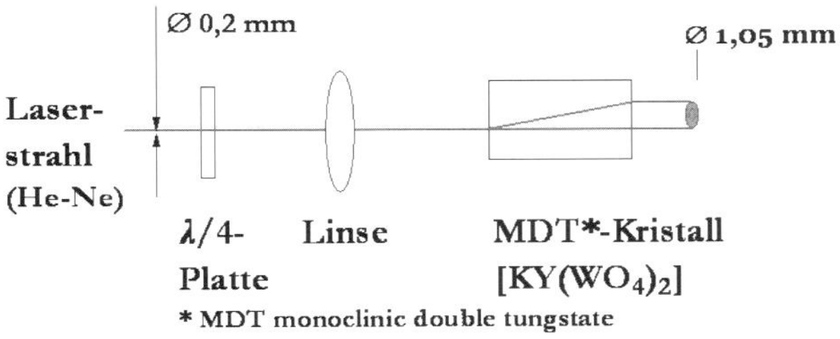

Abb. 9: Moderne experimentelle Anordnung zur Untersuchung der konischen Refraktion (Vision Crystal Technology AG, D-30890 Göxe).

In Lehrbüchern der Physik wird gelegentlich die „Poggendorffsche Waage" erwähnt.[33] Sie rundet die Aufzählung der zahlreichen Ergebnisse aus Physik und physikalischer Chemie ab, die den Ruhm Poggendorffs als Entdecker und Erfinder bis in unsere Zeit bewahren und forttragen.[34] Es handelt sich um eine Waage, bei der auf der einen Seite ein Gewicht in üblicher Weise auf einer Waagschale liegt, während an der anderen Seite über eine Schnur und eine Rolle ein Gewicht G_1 wirkt. Das Gewicht G_1 ist über eine zweite Rolle zu einem Gewicht G_2 geführt. Beide Gewichte können nur vermittels der Schnur

[30] W. Kleber: Einführung in die Kristallographie. 14. Auflage, Verlag Technik Berlin 1979, S. 271–272.
[31] H. Lloyd: Philosophical Magazine, 3rd Series, Vol. 2 (1833), 112–120.
[32] J. C. Poggendorff: Über die konische Refraktion. Annalen Physik und Chemie 48 (1839), 461/462.
[33] A. Recknagel: Physik – Mechanik. 5. Auflage, Verlag Technik Berlin 1961, S. 79–80.
[34] J. C. Poggendorff: Über eine Abänderung der Fallmaschine. Verhandlungen der Königlich Preußischen Akademie der Wissenschaften zu Berlin 1853. S. 627–629.

auf das Gleichgewicht wirken. Am Waagebalken wirkt infolge der Beschleunigung des sich bewegenden Gewichts eine kleinere Kraft als bei ruhendem Rad. Diese Anordnung dient dazu, experimentell die Proportionalität von Kraft und Beschleunigung nachzuweisen.

Ein anderes, physiologisches Phänomen ist heute ebenfalls mit dem Namen Poggendorffs verknüpft. 1860 fiel dem Astrophysiker Karl Friedrich Zöllner (1834–1882), seit 1869 Mitglied der Sächsischen Akademie der Wissenschaften zu Leipzig (welcher mit 20 Veröffentlichungen in den Sitzungsberichten der Akademie hervorgetreten ist), auf, dass parallele horizontale Linien geneigt erscheinen, wenn sie vor einem Hintergrund mit schrägen Linien abgebildet werden. Er schickte seine neu entdeckte optische Täuschung an Poggendorff, den Herausgeber der Annalen der Physik und Chemie. Dieser befasste sich mit der Erscheinung und stieß auf einen neuen Effekt: Die beiden Enden eines Streckensegments, das von einer rechteckigen Fläche verdeckt wird, erscheinen versetzt, obwohl sie eigentlich in einer fortlaufenden Linie stehen. Diese Illusionsfigur, die in Abb. 10 gezeigt ist, wird in der Literatur allgemein als „Poggendorff-Illusion" bezeichnet. Zur Physiologie optischer Täuschungen sei auf eine unlängst erschienene Schrift[35] der Leipziger Akademie verwiesen.

Resümee

Poggendorff verfügte über ein außerordentliches Gedächtnis und die Fähigkeit, wissenschaftliche Tatsachen in ihrer Bedeutung einzuordnen. An einigen seiner Veröffentlichungen ist zu erkennen – oder er weist in den betreffenden Schriften selbst darauf hin –, dass er eigene Experimente erst aufgenommen hat, nachdem er durch ihm zugesandte Publikationen für die „Annalen der Physik und Chemie" auf ihn interessierende Zusammenhänge aufmerksam wurde. Ein Beispiel für seinen Weitblick sei hier noch angeführt: Er bezweifelte die Existenz des Elementes Pluran, das Johann Wolfgang Döbereiner (1780 bis 1849), seit 1810 Professor für Chemie in Jena, der mit seiner „Triadenregel" (entdeckt 1817, veröffentlicht 1829) eine wichtige Vorarbeit zur systematischen Ordnung der chemischen Elemente geleistet hatte und die Platinmetalle in zwei Triaden eingeordnet hatte: Platin, Iridium, Osmium sowie Palladium, Rhodium, Pluran. Poggendorffs Zweifel, bereits zu Lebzeiten Döbereiners vorgebracht, erwiesen sich als berechtigt.

Poggendorffs jahrzehntelanges wissenschaftliches Wirken war gekennzeichnet einerseits durch die wissenschaftshistorischen und schriftstellerischen Aktivitäten, andererseits durch sein Wirken als Chemiker und Physiker, das deutliche Spuren bis in die heutige Zeit hinterlassen hat. Etwa 80 wissenschaftliche Beiträge aus der Feder Poggendorffs sind in den von ihm selbst herausgegebenen „Annalen der Physik und Chemie" erschienen, die meisten sind zuvor und daneben auch in gekürzten Fassungen in den „Monatsberichten der Königlich Preußischen Akademie der Wissenschaften zu Berlin" zu finden. Poggendorff war ein exzellenter Experimentator, was durch die große Anzahl nach ihm benannter Effekte und Anordnungen belegt wird. Der theoretische Gehalt der Untersuchungen ist nicht so hoch zu bewerten, da ihm offenbar eine grundlegende mathematische und theoretisch-physikalische Ausbildung gefehlt hat. Poggendorffs Arbeiten vermitteln dennoch auch jetzt vielfältigste Anregungen, und sie verdienen nach wie vor Beachtung. So gehört Poggendorff in die Reihe hervorragender deutscher Physiker und Physikochemiker, deren Leistungen die Wissenschaft in überdurchschnittlicher Weise befördert und deren Vielfalt wir zu bewundern haben.

[35] H. Penzlin: Für wie wahr dürfen wir unsere Wahrnehmungen nehmen? Abhandl. Sächs. Akad. Wiss. Leipzig, Mathem.-naturwiss. Klasse 60 (2004) 4.

Benno Parthier

Physiker und Chemiker im Mitgliederbestand der Leopoldina-Akademie des 19. Jahrhunderts

Mit dem Namen Johann Christian Poggendorff (1796 bis 1877) verbindet sich sein wissenschaftliches Lebenswerk, das „Biographisch-literarische Handwörterbuch zur Geschichte der exakten Wissenschaften", welches er in der Mitte des 19. Jahrhunderts initiierte, bearbeitete und herausgegeben hat, und das noch heute im Original wie in seinen Fortsetzungen ein wertvolles Nachschlagwerk in der Wissenschaftsgeschichte darstellt. Für Poggendorff, Professor für Physik an der Berliner Universität, bedeutete „exakte Wissenschaften" das naturwissenschaftliche Fächerspektrum aus Mathematik, Astronomie, Physik, Chemie, Mineralogie. Lebenswissenschaften wie Allgemeine Biologie, Botanik, Zoologie oder gar Medizin galten – wie alle Geisteswissenschaften auch – als nicht exakt, erschienen weniger beweisbar oder nachvollziehbar, weniger logisch erklärbar und damit weniger vertrauenswürdig. Ein geistiger Graben trennte die experimentellen Fächer von den deskriptiven, und auch heutzutage sind die Grabenränder noch unverkennbar ausgeprägt, obgleich die Grabentiefe, nicht zuletzt dank des enormen biowissenschaftlichen Erkenntniszuwachses, abgeflacht wurde, um den interdisziplinären Gedankenaustausch nicht nur zu erleichtern, sondern sogar herauszufordern.

Im Zusammenhang mit den hier publizierten wissenschaftshistorischen Abhandlungen über das Leben und Wirken Poggendorffs im 19. Jahrhundert entstand der Wunsch nach einer zeitgenössisch vergleichbaren Darstellung über die Präsenz von Physikern und Chemikern in den Matrikeln der Leopoldina. Insbesondere interessierte, ob sich die damaligen Fortschritte in diesen beiden naturwissenschaftlichen Kernfächern durch die Namen ihrer wichtigsten Vertreter im Mitgliederverzeichnis der Leopoldina widerspiegeln. Es wäre zugleich ein Test für die „Modernität" dieser altehrwürdigen Akademie.

Die Deutsche Akademie der Naturforscher Leopoldina, 1652 als *Academia Naturae Curiosorum* von Schweinfurter Ärzten gegründet, war im 17./18. Jahrhundert weitgehend medizinisch geprägt, verstand sich in den folgenden Jahrhunderten bis zur jüngsten Vergangenheit jedoch als akademische Interessenvertreterin der „Naturforscher" im weitesten Sinne. Das heißt, der fachspezifische Bogen ihrer gelehrten Mitglieder spannte und spannt sich sektionsorientiert von der Mathematik über Physik, Chemie, Geowissenschaften, Botanik, Zoologie bis in alle Verzweigungen der Medizin und in die Grenzbereiche zu den Geisteswissenschaften. Nicht immer wurden die disziplinären Einheiten so scharf getrennt wie heutzutage, sondern deren Grenzen waren durchlässig für ein breites Band von Naturforschern. Die quantitative Verteilung der Mitgliederzahlen in den einzelnen Fachdisziplinen (Sektionen) schwankte nachvollziehbar in Abhängigkeit von der Fachdisziplin der jeweiligen Präsidenten bzw. deren Ratgebern (Adjunkten), d. h., ein Botaniker als Präsident favorisierte die Neuaufnahme besonders von Botanikern, ein Mediziner-Präsident die von Ärzten.

Im 19. Jahrhundert durchlebte die „Kaiserlich Leopoldinisch-Carolinische Deutsche Akademie der Naturforscher" strukturelle, funktionelle und personenbezogene Höhen und Tiefen, die sich am deutlichsten an den Persönlichkeiten und am Wirken der Präsidenten ablesen lassen, speziell an deren jeweiliger Zuwahlaktivität bzw. Zuwahlpolitik.[1] Dabei ist zu berücksichtigen, daß der Begriff „Zuwahl" für die Aufnahme neuer Akademie-Mitglieder im 19. Jahrhundert (und früher) sich von der derzeitig geübten Prozedur grundsätzlich unterscheidet. Neigebaur beschreibt in seiner Geschichte der Akademie der Naturforscher (1860) die Auswahl und Ernennung von Mitgliedern folgendermaßen[2]:

> „Sie werden theils von dem Präsidenten aus eignem Antriebe ernannt, wenn er sie durch ihre Schriften oder ihre sonstigen Verdienste um die Wissenschaft der Aufnahme für würdig hält, oder solche gewählt, welche von andern Akademien vorgeschlagen werden, oder endlich solche, welche sich um die Aufnahme bewerben. So wie dem Präsidenten die Ernennung und die Ertheilung des Diploms allein zusteht, so hat derselbe auch das Recht, den neuen Mitgliedern den statutenmässigen akademischen Namen[3] beizulegen, welchen er nach Massgabe der Aehnlichkeit mit den wissenschaftlichen Bestrebungen und Leistungen des Neuaufgenommenen zu wählen sucht."

[1] Kaasch, Michael und Kaasch, Joachim: Von der Akademiereform über Konsolidierung und Kontinuität in die Krise – Die Leopoldina unter den Präsidenten Behn, Knoblauch, Freiherr von Fritsch und Wangerin von 1870–1921. In: Parthier, Benno, und v. Engelhardt, Dietrich (Hrsg.): 350 Jahre Leopoldina – Anspruch und Wirklichkeit. S. 151–186. Halle (Saale) 2002. – Parthier, Benno: Die Leopoldina. Bestand und Wandel der ältesten deutschen Akademie. Halle (Saale) 1994.

[2] Neigebaur, Johann Daniel Ferdinand: Geschichte der Kaiserlichen Leopoldino-Carolinischen Deutschen Akademie der Naturforscher während des zweiten Jahrhunderts ihres Bestehens. Jena 1860, S. 17.

[3] Gemeint sind die seit Gründung der *Academia* eingeführten individuellen Cognomina; dieser Brauch wurde mit den Reformen von Präsident Behn (s. u.) fallengelassen.

Geeignete Wissenschaftler und Persönlichkeiten wurden damals vielfach von den regionalen Adjunkten dem Präsidenten schriftlich vorgeschlagen und von diesem nach mehr oder weniger intensivem Meinungsaustausch mit seinem Stellvertreter (Vizepräsidenten) und den übrigen Adjunkten zu Mitgliedern ernannt. Der Begriff der Zuwahl oder Wahl wurde noch in der ersten Hälfte des 19. Jahrhunderts nicht oder selten gebraucht; „Ernennung" oder „Aufnahme" sind jedoch im Sinne von Auswahl zu verstehen. Zweifellos war die erwähnte Eignung der kritischste Punkt, da subjektive oder auch diplomatische Aspekte, sowohl beim Vorschlagenden als auch beim Präsidenten, nicht ausgeschlossen werden können. Das mögen auch die Gründe für gelegentliche Aufnahmen von neuen Mitgliedern aus gesellschaftlichen Bereichen gewesen sein, die uns aus gegenwärtiger Sicht unverständlich erscheinen. Allerdings trifft dieser Sachverhalt am wenigsten für die Vertreter der „exakten" Naturwissenschaften zu: für Ordinarien der Physik und/oder Chemie an Universitäten oder Kollegen aus fachlich vergleichbaren Institutionen.

Erst nach Präsident Behns Reformen wurden in den Statuten vom Mai 1872 unter anderem die Rahmenbedingungen der Mitgliedschaft genauer definiert. Daraus sei auszugsweise zitiert[4]:

> „§ 5: Mitglieder der Akademie können nur solche Personen sein, welche sich wissenschaftlich mit irgend einem Zweige der Naturwissenschaften beschäftigt oder sich in anderer Weise um die Förderung derselben verdient gemacht haben. § 6: Die Akademie besteht aus ordentlichen Mitgliedern, deren Zahl unbeschränkt ist, und die die Zwecke der Akademie durch Geldbeiträge zu fördern verpflichtet sind, ... § 7: Die Mitglieder werden in das Album der Akademie [d. h. Matrikelbuch, B. P.] eingetragen und erhalten ein Diplom. Es werden, soweit thunlich, Nachrichten über die Lebensschicksale gesammelt. Die bisher übliche Ertheilung der Cognomina wird nicht weiter fortgesetzt. § 8: Der Geldbeitrag der ordentlichen Mitglieder zur Kasse der Akademie ist ein doppelter. Neu aufgenommene Mitglieder zahlen ein Eintrittsgeld von 10 Thalern (30 Reichsmark). Jedes ordentliche Mitglied entrichtet einen pränumerando zu Anfang des Jahres fälligen jährlichen Beitrag von 2 Thalern (6 Reichsmark). ... Mitglieder, welche die Zahlung des Jahresbeitrags verweigern, erklären dadurch ihren Austritt aus der Akademie. ... § 10: Die Aufnahme neuer Mitglieder erfolgt auf den von mindestens 3 Mitgliedern unterstützten Vorschlag des Präsidenten, nachdem derselbe der Begutachtung des betreffenden Sektionsvorstandes und eventuell des Kreisadjunkten unterbreitet ist, durch Abstimmung des Adjunkten-Collegiums ... ."

In der Zeitspanne von hundert Jahren, den Amtszeiten der sechs Leopoldina-Präsidenten im 19. Jahrhundert, wurden (mindestens) 105 Physiker und 123 Chemiker zu Mitgliedern der Akademie ernannt (s. Anhang, Tab. 1). Diese Zahlen dürften allerdings zu niedrig sein in Anbetracht der gelegentlich allgemeinen Berufsbezeichnungen, die bei den Inskriptionen in die Matrikelbücher oder bei den sekundär erstellten Mitgliederlisten verwendet wurden: als „Professor" ohne Fachdisziplin, Arzt, Physikus, Naturforscher, Naturwissenschaftler, Naturhistoriker, Naturphilosoph. In den Tabellen 2 und 3 sind nur die eindeutig als Physiker respektive Chemiker gekennzeichneten Mitglieder namentlich mit Lebensdaten und Ernennungsjahr aufgelistet. Aus den drei Tabellen bzw. den zugrundeliegenden Quellen[5] lassen sich einige Erkenntnisse ableiten und im Folgenden kommentieren.

Zu Beginn des 19. Jahrhunderts war die Akademie noch weitgehend eingebettet in die Endphase vom *Heiligen Römischen Reich deutscher Nation* und dessen Abgesang (1806) infolge von Napoleons Kriegserfolgen. Die Leopoldina erheischte glücklicherweise so wenig Bedeutung unter ihrem IX. Präsidenten Christian Daniel Schreber in Erlangen, daß sie von der französischen Besatzungsmacht übersehen wurde und weiter existieren durfte. In den zwanzig Jahren von Schrebers Amtsführung (1791–1810) wurden immerhin 131 neue Mitglieder ernannt. Allerdings waren es in den Jahren zwischen 1807 und 1813 nur ganze vier, was auf eine kritische Situation während der kriegerisch unruhigen Jahre hinweist, in denen die Entwicklung der Wissenschaften im kleinstaatlichen Deutschland gehemmt wurde, während besonders die Naturwissenschaften mit vielen neuen Entdeckungen und Erfindungen in den Nationalstaaten England und Frankreich heranwuchsen. Es überrascht also nicht, daß Physiker und Chemiker in der bunten Schar von neuen Mitgliedern aus den deutschen Ländern kaum zu entdecken sind. An ausländische Gelehrte zu denken, war wohl politisch nicht opportun; denn Namen wie Laplace (1749–1827), Gay-Lussac (1778–1850), Dalton (1766–1844) oder Davy (1778–1829) dürften auch dem Präsidenten Schreber und seinen naturforschenden Mannen bekannt gewesen sein. – Die Akademie hatte im vorausgegangenen Jahrhundert durchaus übernationale Verbindungen geknüpft und sich ausländischen Mitgliedern geöffnet. Als oft erwähnter Beweis dafür gilt, daß mit der russischen Botanikerin Fürstin Katharina Romanovna Daschkowa (1743–1810) bereits 1789 das erste weibliche Mitglied (Matrikelnummer 886) aufgenommen wurde. Sie war zuvor von Zarin Katharina II. zur Präsidentin der Petersburger Akademie der Wissenschaften gekürt worden; kein Geringerer als Voltaire hatte sie als „großen Mann" bezeichnet.[6] Um so

[4] Ule, Willi: Geschichte der Kaiserlichen Leopoldinisch-Carolinischen Deutschen Akademie der Naturforscher während der Jahre 1852–1887 mit einem Rückblick auf die frühere Zeit ihres Bestehens. Halle (Saale), 1889, S. 48 ff.

[5] Vgl. Anm. 2, Neigebaur, S. 188–288; vgl. Anm. 4, Ule, S. 147–235; HAL, Matricula Academicorum Naturae curiosorum, Vol. VI und VII; Struktur und Mitgliederbestand der Leopoldina, Stand vom 1. Januar 1987 mit einem alphabetischen Mitgliederverzeichnis 1652–1986. Halle 1987, S. 107–164.

[6] Vgl. Anm. 2, S. 186.

bedauerlicher ist es, daß zwei wirklich „große Männer", allerdings bereits des 17./18. Jahrhunderts, nämlich Isaac Newton (1643–1727) und Gottfried Wilhelm Leibniz (1646 bis 1716), der Naturforscher-Akademie nicht angehörten.

Wenig verändert blieb die Lage der Akademie unter Schrebers Nachfolger Friedrich Wendt, einem 73jährigen Arzt in Erlangen, der nach sieben Jahren Amtszeit starb. Dennoch hat er während dieser Zeit 62 Mitgliederernennungen vorgenommen. Darunter befanden sich mit Johann Salomo Christoph Schweigger (1779–1857) – ein bekannter Physiker (der auch bald im Gestaltungsbereich der Leopoldina eine herausragende Rolle spielte) – sowie mit dem Chemiker Karl Wilhelm Gottlob Kastner (1783 bis 1857) zwei namhafte „exakte Naturwissenschaftler".

Anstöße für einen deutlichen Fortschritt in der Akademie gab der XI. Präsident Nees von Esenbeck (1776 bis 1858), dessen lange Amtszeit von 40 Jahren trotz seiner sprunghaften Natur Kontinuität verhieß. Er war ein weltbekannter, erfolgreicher Botaniker und eine charismatische Persönlichkeit[7], die der Akademie ihren Stempel aufdrückte und diese in jeder Hinsicht dominierte nach dem Motto: Die Akademie – das bin ich. Unter den 785 Akademie-Mitgliedern, die er während seiner Präsidentschaft ernannte, waren allerdings nur 38 Physiker und Chemiker. Doch finden sich bekannte Namen darunter, wie Seebeck, Fraunhofer, Avogadro, Bunsen, Faraday, Tyndall (Tab. 2) und Berzelius, Döbereiner, Gmelin, Fresenius, Erlenmeyer (Tab. 3). Nees von Esenbecks wissenschaftliche Interessen galten der Botanik in erster und der Medizin in zweiter Linie (er hatte auch Medizin studiert und arbeitete anfangs als praktizierender Arzt). Er wurde in relativ jungem Alter bereits 1816 Leopoldina-Mitglied und nach zwei Jahren schon – zwar glücklich und nicht unstrittig – zum Präsidenten gewählt.[8] Offensichtlich hatte er den Ehrgeiz, alle Botaniker in akademischen Positionen zu Leopoldina-Mitgliedern zu ernennen, als wollte er die Akademie zu einer „deutschen botanischen Gesellschaft" degradieren. Schon wenige Wochen nach Amtsantritt hatte er in zwei Schüben über 50 neue Mitglieder berufen, wobei zu den ersten Kandidaten seiner Wahlaktivitäten der verehrte Johann Wolfgang von Goethe gehörte (Matrikelnummer 1075), mit dem er bald auch einen unfangreichen fachlichen und allgemeinen Briefwechsel führte.[9]

Die Ernennungsquote pegelte sich später bei jährlich 25–30 Mitgliedern ein. Um so mehr überrascht die Auswahl in jenen zwei Jahrzehnten in der Mitte von Nees' Amtszeit, als zwischen 1824 und 1840 scheinbar keine Physiker und Chemiker aufgenommen wurden (vgl. Tab. 2 und 3). Es könnte allerdings auch ein Sichtungsproblem vorliegen, bedingt durch die Tatsache, daß bei mehreren eingetragenen Mitgliedern nach den Namen nur eine disziplinfreie Bezeichnung „Professor in ..." oder „Professor zu ..." folgt. Dahinter könnte sich sehr wohl der eine oder andere „exakte Naturforscher" verbergen. Als Beispiele für solche saloppe Handhabung, die sowohl Nees' wie Kiesers Amtszeit betrifft, seien Neigebaurs Ernennungseinträge von vier allgemein bekannten Persönlichkeiten wiedergegeben[10]:

> „Nr. 1825, den 1. Oktober [1857] Karl [sic!] Robert Darwin, cogn. Forster III; Naturforscher in London, geb. den 12. Febr. 1809" – „Nr. 1826, den 1. Oktober [1857] Dr. Faraday, cogn. Halley II, Professor in London, geb. den 22. Sept. 1791". – „Nr. 1893, den 15. August [1858] Dr. Friedr. Wöhler, cogn. Berzelius; Obermedizinalrath und Professor in Göttingen, geb. den 31. Juli 1800". – „Nr. 1899, den 1. August [1859] Dr. Justus Freiherr v. Liebig, cog. Gay-Lussac; Professor in München".

Erwähnenswert bleibt die Ernennung eines zweiten weiblichen Mitglieds am Ende von Nees' Amtszeit: Anno 1857 wurde Johanna Sophie Marie von Gayette (1817 bis 1895) aufgenommen, eine pädagogisch wirksame Schriftstellerin.

Am Beispiel Nees von Esenbeck ist klar zu erkennen, daß die wissenschaftliche Vertrautheit und damit die fachspezifische Urteilskraft des Präsidenten bei der Ernennung neuer Mitglieder eine große Rolle spielte. Auch die nachfolgenden Präsidenten Kieser, Carus und Behn (vgl. Tab. 1) fühlten sich als Zoologen bzw. Mediziner differenzierten Aufnahmen von Physikern und Chemikern verpflichtet (analog galt das für Mathematiker, Astronomen, Mineralogen). Unter Kiesers Präsidentschaft wurden die Chemiker Wöhler, von Liebig, Mitscherlich Leopoldina-Mitglieder. August Wilhelm Hofmann wurde von Behn berufen, gleichfalls die Physiker Ernst Mach und Ernst Abbe.

Während der Präsidentschaft des halleschen Physikers Carl Hermann Knoblauch (Amtszeit 1878–1895), der bereits Behns Stellvertreter war, wurde nicht nur der Sitz der Akademie nach Halle verlegt, sondern Knoblauchs Zuwahlpolitik auf der Basis von Behns Reformen und Statuten (s. o.) war auch bewußt auf die verstärkte Einbindung von exakten Naturwissenschaftlern gerichtet, ohne die biowissenschaftlichen und medizinischen Fächer zu vernachlässigen. Vor allem im relativen Anteil an Physikern und Chemikern in der Gesamtzahl der von Knoblauch ernannten Mitglieder widerspiegelt sich die stürmi-

[7] Bohley, Johanna: Christian Gottfried Nees von Esenbeck. Ein Lebensbild. Acta Historica Leopoldina Nr. 42 (2003).

[8] Vgl. Kaasch, Michael: Das Bestehende und das Werdende – Akademieerneuerung und Reformansätze unter Nees von Esenbeck. In: Christian Gottfried Nees von Esenbeck – Politik und Naturwissenschaften in der ersten Hälfte des 19. Jahrhunderts (Hrsg. D. v. Engelhardt, A. Kleinert, J. Bohley) Acta Historica Leopoldina Nr. 43 (2004), S. 19–71.

[9] Kanz, Kai Torsten: Christian Gottfried Nees von Esenbeck. Briefwechsel mit Johann Wolfgang Goethe nebst ergänzenden Schreiben. Acta Historica Leopoldina Nr. 40 (2003).

[10] Vgl. Anm. 2, Neigebaur, S. 284 bzw. 287.

sche Entwicklung in Physik und Chemie jener Zeit. Physiker und Chemiker als Mitglieder sind anteilig etwa um den Faktor 4 häufiger im Vergleich zu den entsprechenden Zahlen bei Nees von Esenbeck (Tab. 1). 62 Physiker (ohne Einbezug von speziellen Technikwissenschaftlern) und 86 Chemiker bei insgesamt 847 Mitgliederernennungen zieren die Matrikel der Leopoldina während Knoblauchs Amtszeit. Doch noch weitere Physiker und Chemiker (mindestens 62) wurden vorgeschlagen, ohne berücksichtigt worden zu sein, weil offenbar Knoblauch selbst oder der eine oder andere Adjunkt, auf dessen Rat der Präsident besonderen Wert legte, durch kritische Einwände die Aufnahmen blockierte. Andererseits ist man irritiert, wie viele Koryphäen deutscher Herkunft auf den Gebieten von Physik und Chemie in den Mitgliederlisten der Leopoldina aus dem letzten Viertel des 19. Jahrhunderts fehlen; Namen, die gewiß nicht wegen Einspruch oder Beanstandung durch Adjunkten vermißt werden. Die folgenden Beispiele bedürften einer individuellen und differenzierten Analyse, die zu leisten jedoch den Rahmen dieses Aufsatzes sprengen würde.

So ist man gewiß erstaunt, die Namen folgender weltbekannter Physiker bzw. Chemiker in den Matrikeln nicht zu finden. Die meisten davon erhielten später den Nobelpreis: Wilhelm Conrad Röntgen (1845–1923), Ludwig Boltzmann (1844–1906), Heinrich Hertz (1857–1894), Hermann von Helmholtz (1821–1894), Robert Kirchhoff (1824–1887), [Max Planck (1858–1947)], Henri Becquerel (1852–1908), Philipp Lenard (1862–1947), Ferdinand Braun (1850–1918), Marie Curie (1867–1934), Svante Arrhenius (1859–1927), Henrik van't Hoff (1852–1911), Adolf von Baeyer (1835–1917), Dimitri Mendelejev (1834–1907), Emil Fischer (1852–1919), August Kekulé (1829–1896), Hermann Kolbe (1818–1884).

Schon zu Behns Amtszeit (1873) wurde eine numerierte Kandidatenliste angefertigt,[11] die auch jene Vorschläge enthielt, die nicht verwirklicht wurden: u. a. die Chemiker Adolf v. Baeyer, Felix Hoppe-Seyler, Hermann Kolbe und August Kekulé (Nr. 13); der Physiker Hermann v. Helmholtz (Nr. 63). Emil du Bois-Reymond (Nr. 60), der auf Physik und Chemie gründende berühmte kausalanalytische Physiologe, war bereits 1860 vorgeschlagen worden. Dabei hatten „sämmtliche anerkannte und bewährte Gelehrte" das schriftliche Einverständnis in einer Adjunktenkonferenz erhalten. Da in keinem Falle Gründe niedergeschrieben sind, weswegen etwa die Hälfte der Vorschläge schließlich nicht berücksichtigt wurde, darf vermutet werden, daß diese Wissenschaftler das in den Statuten von 1872 (s. o.) erstmals festgeschriebene „Eintrittsgeld" in die Akademie zu zahlen nicht bereit waren.

Diese Vermutung wird bestätigt durch ein anonymes Verzeichnis[12], möglicherweise angefertigt vom Akademie-Sekretär nach dem Ableben des Präsidenten Knoblauch (1895), z. T. mit späteren Bemerkungen von anderer Hand. – Darin sind Nichtaufnahmen entweder nach freiwilliger Ablehnung der Mitgliedschaft wegen einer Beitragsforderung oder wegen versäumter Beitragszahlung bereits gewählter Mitglieder fast die Regel (Anmerkungen wie „hat kein Geld geschickt"). Im ersten Falle wurde notiert „abgelehnt" und die Jahreszahl; im zweiten Falle hieß es „gestrichen" mit Jahreszahl. Auf diese spezielle Problematik der damaligen Leopoldina ist bereits früher ausführlicher eingegangen worden.[13] Allerdings gab es eine Reihe gestrichener Kandidaten, die eindeutig auf kritische Einwände durch Adjunkte an der mangelnden wissenschaftlichen Reputation des Anwärters zurückgehen, z. B. „beanstandet von Volhard", „gestrichen von Volhard", „beanstandet von Virchow", oder ähnlicher Art.

Unter diesen Aspekten kann man davon ausgehen, daß den meisten prominenten Wissenschaftlern die Mitgliedschaft nahegelegt und um Zustimmung gebeten wurde. Sie lehnten es jedoch ab, Leopoldina-Mitglied zu werden. Fazit: ihnen war die Mitgliedschaft entweder zu unbedeutend oder zu teuer. In den meisten Fällen ist das offensichtlich; denn einen Mangel an Vorschlagsqualität kann man den Verantwortlichen in der Leopoldina kaum vorwerfen. Das gilt für Hermann von Helmholtz, Heinrich Hertz („abgelehnt 28. 12. 1891 wegen Beiträge"), August Kekulé (1883), Emil Fischer (1883), August Boltzmann (1884), Adolf von Baeyer (1887), Friedrich Beilstein (1885), Theodor Curtius (1890), Robert Koch („abgelehnt 24. 10. 1887"). Bei Emil du Bois-Reymond steht „verspricht" [offenbar die Mitgliedschaft, B. P.] 1883; er hat sein Versprechen wohl deshalb nicht eingehalten, weil die Mitgliedschaft in der Leopoldina für diesen weltbekannten und -gefragten Gelehrten von geringer Bedeutung war. Die meisten haben höflich schriftlich abgelehnt, nur Heinrich Hertz hat aus seinem Herzen keine Mördergrube gemacht und sich entrüstet, daß die Verbindung einer ehrenvollen Auszeichnung mit der Aufforderung, einen Geldbeitrag zu leisten, „unmöglich und peinlich" sei (zitiert bei Kleinert/Berg, vgl. Anmerkung 13). – Wilhelm Ostwald (1853–1932), „abgelehnt 29. 10. 1888 aus nicht zu erörternden Gründen", wurde allerdings 1932 zum Ehrenmitglied ernannt, was er akzeptierte. Auch Max Planck war bereits 1889 vorgeschlagen worden, hatte je-

---

[11] HAL 26/13/1 (Erfassung derjenigen, die genannt, deren Wahl aber nicht abgeschlossen wurde).

[12] „Verzeichnis derjenigen Gelehrten, welche bereits zu Mitgliedern vorgeschlagen resp. gewählt sind, aber abgelehnt haben oder nicht genehmigt sind, resp. deren Aufnahme nicht zum Abschluß gekommen ist." HAL 34/18/7.

[13] Sander, Klaus: Nobelpreisträger in der Leopoldina. In: Parthier, Benno und v. Engelhardt, Dietrich (Hrsg.), 350 Jahre Leopoldina – Anspruch und Wirklichkeit. Halle (Saale) 2002, S. 713–729 (hier 722–725); Kleinert, Andreas und Berg, Gunnar: Die Physik im Spiegel der Leopoldina seit 1880. In: Parthier, Benno und v. Engelhardt, Dietrich (Hrsg.), 350 Jahre Leopoldina – Anspruch und Wirklichkeit. Halle (Saale) 2002, S. 609–628 (hier 611–613); Schroth, Werner und Remane, Horst: Die Chemie im Blickfeld der Leopoldina. ibid., S. 531–586 (hier 535–536).

doch nach reiflichen Überlegungen schriftlich abgelehnt[14] und wurde erst 1926 durch das Drängen des einflußreichen Carl Duisberg (1861–1935) beim Präsidenten Johannes Walther (1860–1937) zugewählt, zeitgleich mit Otto Hahn (1879–1968), Max von Laue (1879–1960) und Fritz Haber (1868–1934).

Kommen wir wieder zurück zu J. C. Poggendorff, dem die Ehre einer Mitgliedschaft in der Leopoldina ebenfalls nicht zuteil wurde. In der einschlägig wichtigsten Quelle im Archiv der Leopoldina[15] wird sein Name bereits 1860 in einer brieflichen Vorschlagsliste erwähnt, die der Berliner Adjunkt, Botaniker und Direktor des Königlichen Botanischen Gartens, Alexander von Braun (1805–1877), an den Präsidenten Kieser nach Jena sandte.[16] Neben Poggendorff wurden darin zwei weitere Berliner Physiker, Gustav Magnus (1802–1870) und Heinrich Wilhelm Dove (1803–1879), zu Mitgliedskandidaten vorgeschlagen, gleichfalls die Chemiker Eilhard Mitscherlich und Heinrich Rose sowie dessen Bruder Gustav Rose, ein Mineraloge. Die drei letzten und Dove wurden noch 1860 zu Mitgliedern ernannt, Poggendorf und Magnus nicht. Ergiebigeres dazu ist nicht in Erfahrung zu bringen. Auch Emil du Bois-Reymonds Name stand bereits in der Liste von Braun. Dieser fügte vier weitere Vorschläge an, Zoologen und Anatomen, die er dem Präsidenten zur „besonderen Berücksichtigung" empfahl, darunter den ordentlichen Zoologieprofessor Wilhelm Peters (1815–1883), „bekannt durch seine Reise nach Mozambique". Diese vier „nicht exakten" Wissenschaftler fanden umgehend Aufnahme in die Akademie.

Anhang

Tabelle 1: Ernennungen (Zuwahlen) von Physikern und Chemikern als Mitglieder der Leopoldina in den Amtsperioden der Akademie-Präsidenten des 19. Jahrhunderts (1791–1895)

Präsidenten	Amtszeiten	Zahl der Ernennungen		
		Physiker	Chemiker	Gesamtmitglieder
Johann Christian Daniel Schreber (1739–1810)	1791–1810	3	2	131
Friedrich Wendt (1738–1818)	1811–1818	1	1	62
C. G. Daniel Nees v. Esenbeck (1776–1858)	1818–1858	8	20	785
Dietrich Georg Kieser (1779–1862)	1858–1862	8	8	65
Carl Gustav Carus (1789–1869)	1862–1869	4	2	116
Wilhelm Friedrich Georg Behn (1808–1878)	1870–1878	9	4	87
Karl Hermann Knoblauch (1820–1895)	1878–1895	62	86	847
Summen:		**105**	**123**	**2093**

Tabelle 2: Physiker-Mitglieder

Name, Vorname	Lebensdaten	Zuwahl
Rahn, Joh. Heinrich (auch Mediziner)	1749–1812	1791
Mayer, Joh. Tobias	1752–1830	1792
Hildebrandt, Georg Friedrich	1764–1816	1793
Schweigger, Joh. Salomo Christoph	1779–1857	1816
Seebeck, Thomas	1770–1831	1818
Weiß, Christian Samuel (auch Mineraloge)	1780–1856	1818
Cassel, Franz Peter (auch Mathematiker)	1784–1821	1819

[14] HAL 26/2/2, Blatt 164: „bitte es mir nachzusehen, wenn ich, nach reiflicher Erwägung der verschiedenartigen für mich in Betracht kommenden Rücksichten, wenigstens zur Zeit nicht in der Lage bin, meine Wahl zum Mitglied der Akademie anzunehmen." (Brief v. 6. 3. 1890).

[15] HAL 28/18/1: Candidaten-Liste und Vorschläge zu den Mitgliederaufnahmen 1858–1862.

[16] Desgl., Bl. 174: Brief des Berliner Adjunkten Alexander v. Braun an Präsident Kieser vom 18. 5. 1860.

Name, Vorname	Lebensdaten	Zuwahl
Erman, Paul	1764–1851	1819
Reinwardt, Georg Karl	1773–1854	1821
Yelin, Julius Conrad	1771–1826	1821
Fraunhofer, Joseph	1787–1826	1824
Avogadro, Amedeo	1776–1856	1840
Frankenheim, Moritz Ludwig	1801–1869	1841
Pohl, Georg Friedrich	1788–1849	1843
Thomae, Karl	1808–1885	1843
Zantedeschi, Francesco	1797–1873	1849
Henry, Joseph	1797–1878	1850
Bunsen, Robert	1811–1899	1851
Petrina, Franz Adam	1799–1855	1853
Lichtenstein, Eduard	1818– ?	1856
Faraday, Michael	1791–1867	1857
Tyndall, John	1820–1893	1857
Karsten, Gustav	1820–1900	1858
Fechner, Gustav Theodor	1801–1887	1859
Dove, Heinrich Wilhelm	1803–1879	1860
Weber, Wilhelm	1804–1891	1860
Wüllersdorf-Urbair, Bernhard v.	1816–1883	1860
Ettinghausen, Andreas v.	1796–1878	1862
Knoblauch, Carl Hermann	1820–1895	1862
Kunze, Albert	1805–1890	1862
Stein, Wilhelm	1811–1889	1863
Loesche, Eduard	1821–1879	1865
Neumayer, Georg	1826–1909	1865
Meyer, Heinrich Adolph	1822–1889	1866
Abbe, Ernst	1840–1905	1873
Beetz, Wilhelm	1822–1886	1873
Mach, Ernst	1838–1916	1873
Reusch, Eduard v.	1812–1891	1873
Wiebel, Karl	1808–1888	1873
Wüllner, Adolph	1835–1908	1873
Zech, Paul v.	1828–1893	1876
Gerland, Ernst	1838–1910	1878
Oberbeck, Anton	1846–1900	1878
Zeuner, Gustav	1828–1907	1878
Moser, James	1852–1908	1879
Toepler, August	1836–1912	1879
Clausius, Rudolph	1822–1888	1880
Edelmann, Max	1845–1913	1880
Exner, Franz Serafin	1849–1926	1881
Holzmüller, Gustav	1844–1014	1881

Name, Vorname	Lebensdaten	Zuwahl
Hoppe, Oscar	1838–1923	1881
Riecke, Eduard	1845–1915	1881
Carl, Philipp	1837–1891	1882
Edlund, Erik	1819–1888	1882
Lommel, Eugen	1837–1899	1882
Pfaundler, Leopold	1839–1920	1882
Wiedemann, Gustav	1826–1899	1882
Asimont, Joh. Gottfried (auch Mathematiker)	1824–1897	1884
Bezold, Wilhelm v.	1837–1907	1884
Ettinghausen, Albert v.	1850–1932	1884
Ferrini, Rinaldo	1831–1908	1884
Holmgren, Carl Albert	1824–1905	1884
Winkelmann, Adolf August	1848–1910	1884
Fabian, Oskar	1846–1899	1885
Handl, Alois	1837–1915	1885
Matthiesen, Ludwig	1830–1906	1885
Melde, Franz Emil	1832–1901	1885
Seydler, August	1849–1891	1885
Vogel, Hermann Wilhelm	1834–1898	1885
Voigt, Woldemar	1850–1919	1885
Wassmuth, Anton	1844–1927	1885
Ferraris, Galileo	1847–1897	1886
Kayser, Heinrich Gustav	1853–1940	1886
Voit, Ernst	1838–1921	1886
Bebber, Jakob van	1841–1909	1887
Bell, Alexander Graham	1847–1922	1887
Börgen, Carl (auch Geophysiker)	1843–1909	1887
Kohlrausch, Wilhelm Friedrich	1855–1936	1887
Lang, Viktor v.	1838–1921	1887
Pape, Carl Theodor	1836–1906	1887
Siemens, Ernst Werner v.	1816–1892	1887
Thomson, William	1824–1907	1887
Wiedemann, Eilhard	1852–1928	1887
Assmann, Richard (auch Geophysiker)	1845–1918	1888
Eschenhagen, Max (auch Geophysiker)	1858–1901	1888
Feußner, Wilhelm	1843–1929	1888
Finger, Josef (auch Mathematiker)	1841–1925	1888
Hepites, Stefan	1851–1922	1888
Himstedt, Franz	1852–1933	1888
Ebert, Hermann	1861–1913	1889
Ångström, Knut	1857–1910	1890
Grosse, Wilhelm	1857–1935	1890
Voller, August	1842–1920	1890

Name, Vorname	Lebensdaten	Zuwahl
Ditscheiner, Leander	1839–1905	1891
Jaumann, Gustav	1863–1924	1891
Narr, Friedrich	1844–1893	1891
Elster, Julius	1854–1920	1892
Geitel, Hans	1855–1923	1892
Lecher, Ernst	1856–1926	1892
Lorberg, Hermann	1831–1906	1892
Paalzow, Adolph	1829–1908	1892
Ritter, August	1826–1908	1892
Rosenberger, Ferdinand	1845–1899	1892
Dorn, Ernst	1848–1916	1895
Scott, Robert Henry	1833–1916	1895

Tabelle 3: Chemiker-Mitglieder

Name, Vorname	Lebensdaten	Zuwahl
Wurzer, Ferdinand	1765–1844	1792
Trommsdorff, Joh. Bartholomäus	1770–1837	1795
Kastner, Karl Wilh. Gottlob	1783–1857	1816
Berzelius, Jöns Jakob	1779–1848	1818
Bischof, Karl Gustav	1792–1870	1818
Döbereiner, Joh. Wolfgang	1780–1849	1818
Vogel, Heinrich August v.	1778–1867	1818
Neeff, Christian Ernst	1782–1849	1819
Buchner, Joh. Andreas	1783–1852	1820
Gmelin, Leopold	1788–1853	1823
Wolfgang, Joh. Friedrich	1776–1859	1823
Jäger, Georg Friedrich v.	1785–1866	1824
Bergmann, Karl	1804–1884	1831
Wackenroder, Heinrich Friedr. Ferdinand	1798–1854	1843
Fuchs, Joh. Nepomuk	1774–1856	1846
Haidinger, Wilhelm	1795–1871	1847
Gorup-Besanez, Eugen	1817–1878	1850
Fresenius, Remigius	1818–1897	1852
Erlenmeyer, Joh. Adolph Albrecht	1822–1877	1853
Reichenbach, Karl Ludwig	1788–1869	1854
Sattler, Georg Karl Theophilus	1818–1883	1855
Sattler, Joh. Caspar	1810–1880	1856
Schlossberger, Julius Eugen	1819–1860	1857
Schönbein, Christian Friedrich	1799–1868	1858
Wöhler, Friedrich	1800–1882	1858

Name, Vorname	Lebensdaten	Zuwahl
Liebig, Justus v.	1803–1873	1859
Chevreul, M. Eugène	1786–1889	1860
Mitscherlich, Eilhard	1794–1863	1860
Redtenbacher, Josef	1810–1870	1860
Rose, Heinrich	1795–1864	1860
Kopp, Hermann	1817–1892	1861
Scheerer, Karl Joh. Aug. Theodor	1813–1875	1863
Ludwig, Carl	1816–1895	1867
Geuther, Anton	1833–1889	1873
Hofmann, August Wilhelm	1818–1892	1873
Landolt, Hans	1831–1910	1874
Winkler, Clemens	1838–1904	1878
Petersen, Theodor	1836–1918	1879
Boettger, Rudolph	1806–1881	1880
Cech, Carl	1842–1895	1880
Ladenburg, Albert	1842–1911	1880
Günther, Otto	1855–1933	1881
Hüfner, Gustav	1840–1908	1882
Meyer, Victor	1848–1897	1882
Michaelis, August	1847–1916	1882
Johnesberg, Conrad	1852–1918	1883
Liebermann, Karl Theodor	1842–1914	1883
Volhard, Jakob	1834–1910	1883
Zincke, Theodor	1843–1928	1883
Baumann, Eugen	1846–1896	1884
Fehling, Hermann	1847–1925	1884
Wacker, Carl	1837–1918	1884
Goldschmied, Guido	1850–1915	1885
Griess, Peter	1829–1888	1885
Meyer, Ernst Christian	1847–1916	1885
Rathke, Bernhard	1840–1923	1885
Staedel, Wilhelm	1843–1919	1885
Wallach, Otto	1847–1931	1885
Pebal, Leopold v.	1826–1887	1886
Anschütz, Richard	1852–1937	1887
Brunner, Heinrich	1847–1910	1887
Conrad, Max	1848–1920	1887
Doebner, Oskar	1850–1907	1887
Graebe, Carl	1841–1927	1887
Hantzsch, Arthur	1857–1935	1887
Kossel, Albrecht	1853–1927	1887
Lossen, Wilhelm	1838–1906	1887
Marignac, Charles de	1817–1894	1887

Name, Vorname	Lebensdaten	Zuwahl
Miller, Wilhelm v.	1848–1899	1887
Pinner, Adolf	1842–1909	1887
Roscoe, Henry	1833–1915	1887
Schmitt, Rudolf	1830–1898	1887
Schorlemmer, Carl	1834–1892	1887
Skraub, Zdenko	1850–1910	1887
Claisen, Ludwig	1851–1930	1888
Beckurts, Heinrich	1855–1929	1888
Bischoff, Carl Adam	1855–1908	1888
Fresenius, Wilhelm	1856–1936	1888
Gabriel, Siegmund	1851–1924	1888
Gattermann, Ludwig	1860–1920	1888
Hempel, Walther	1851–1916	1888
Hintz, Ernst	1854–1934	1888
Jannasch, Paul	1841–1921	1888
Lieben, Adolf	1836–1914	1888
Limbricht, Heinrich	1827–1909	1888
Lunge, Georg	1839–1923	1888
Pechmann, Hans	1850–1902	1888
Tiemann, Ferdinand	1848–1899	1888
Will, Wilhelm	1854–1920	1888
Willgerodt, Conrad	1841–1930	1888
Ebert, Hermann	1861–1913	1889
Landauer, John	1848– ?	1889
Tumlirz, Ottokar	1856–1928	1889
Beckmann, Ernst Otto	1835–1923	1890
Behrend, Robert	1856–1926	1890
Boettinger, Carl	1851–1901	1890
Kiliani, Heinrich	1855–1945	1890
Richter, Theodor	1825–1898	1890
Einhorn, Alfred	1857–1917	1891
Fittica, Friedrich	1850–1912	1891
Kühn, Gustav	1840–1892	1891
Lehmann, Otto	1855–1922	1891
Scheibler, Karl	1827–1899	1891
Schultz, Gustav	1851–1928	1891
Bauer, Alexander	1836–1921	1892
Delbrück, Max	1850–1919	1892
Jobst, Julius v.	1839–1920	1892
Krafft, Friedrich	1852–1923	1892
Möhlau, Richard	1857–1940	1892
Ost, Hermann	1852–1931	1892
Stohmann, Friedrich	1832–1897	1892

Name, Vorname	Lebensdaten	Zuwahl
Stölzel, Karl	1826–1896	1892
Arendt, Rudolf	1828–1902	1893
Blochmann, Reinhart	1848–1920	1893
Bunte, Hans	1848–1925	1893
Elbs, Karl	1858–1933	1893
Goppelsroeder, Friedrich	1837–1919	1893
Kraut, Karl	1829–1912	1893
Otto, Robert	1837–1907	1893
Rügheimer, Leopold	1850–1917	1893
Schwanert, Hugo	1828–1902	1893
Liversidge, Archibald	1847–1927	1894
Wislicenus, Johannes	1835–1902	1895

Autorenverzeichnis

Dr. Martin Henke
Schröderstiftstr. 17, D-20146 Hamburg

Prof. Dr. Heiner Kaden
Kurt-Schwabe-Institut für Mess- und Sensortechnik, Kurt-Schwabe-Str. 4, D-04720 Ziegra-Knobelsdorf

Prof. Dr. Gotthard Lerchner
Sächsische Akademie der Wissenschaften zu Leipzig, Karl-Tauchnitz-Str. 1, D-04107 Leipzig

Prof. Dr. Benno Parthier
Deutsche Akademie der Naturforscher Leopoldina, Emil-Abderhalden-Str. 37, D-06108 Halle/Saale

Prof. Dr. Heinz Penzlin
Sächsische Akademie der Wissenschaften zu Leipzig, Karl-Tauchnitz-Str. 1, D-04107 Leipzig

Prof. Dr. Hans Wussing
Sächsische Akademie der Wissenschaften zu Leipzig, Karl-Tauchnitz-Str. 1, D-04107 Leipzig